機械学習のための関数解析入門

カーネル法実践：学習から制御まで

伊吹 竜也・山内 淳矢・畑中 健志・瀬戸 道生
共 著

内田老鶴圃

はじめに

機械学習とは，簡単にいえばデータの性質や法則性を見出す仕組みのことであり，人工知能 (AI)，ビッグデータ，データサイエンスという言葉が一般に普及してきた現代では欠かせない技術となっている．機械学習は統計学や数理科学，計算機科学を基盤とする技術であり，検索エンジンや購買履歴データの解析，株価・天候予測，音声・画像認識，疾病の発見など，機械学習単体でも様々な統計データの解析で活躍していることはすでに知られていることであろう．その一方で，近年では物理学，化学，生物学などの自然科学からロボティクス，システム制御，情報処理などの工学に至るまで，様々な分野で「機械学習を通したデータの活用」が行われている．機械学習に分類されるアルゴリズムは多岐に渡り，現在も様々に新しいアルゴリズムが提案され続けているが，これらは大きく「教師あり学習」，「教師なし学習」，「強化学習」の 3 種類に分類することができる．本書は，その中でも入力データと出力データの間の関係を見出すことを目的とした教師あり学習，特に**カーネル法**に注目し，その数学的背景の概説と実践例の紹介を試みる．

本書は「機械学習のための関数解析入門：ヒルベルト空間とカーネル法」(瀬戸–伊吹–畑中 [1]) と姉妹本の立ち位置にある．瀬戸–伊吹–畑中 [1] では，理工学部の標準的な数学の知識を前提に，関数解析の応用として，カーネル法の理論と応用の解説を試みた[*1]．瀬戸–伊吹–畑中 [1] に引き続き，本書では実践編としてより実装に特化した形でカーネル法，およびその応用例についてまとめている．特に，本書単独でも第 1〜4 章を読めばカーネル法による回帰・分類について学べるように配慮し，学習に用いた数値・実験データに加えてプログラムのソースコードも用意することで，読者が実際に手を動かしながら読み進めら

[*1] カーネル法の概要については瀬戸–伊吹–畑中 [1] のまえがき (http://www.rokakuho.co.jp/data/books/0171.html) を参照されたい．

れる内容にした．また，本書のもう一つの特徴として，単なる学習方法の習得のみならず，学習結果を基に現実世界のモノを動かすまでの一連の流れを習得できる構成を採用した．具体的には学習対象はロボット運動に作用する不確かな環境とし，学習を超えて，学習結果のロボット制御への利用方法までをまとめた．このロボット制御への応用例を通して，機械学習がコンピュータ（サイバー空間）上に留まらずに実世界（フィジカル空間）上の対象に対しても有用であることを示そう．ロボット制御に限らず，読者が専門とする分野への機械学習の導入のきっかけを本書が担うことを願う．

プログラミング言語として，本書では Python を採用した．Python はオープンソース・フリーソフトウェアであり，誰でも簡単に利用できる．また，インタープリタ型言語であるため，記述したコードを直ちに実行できる．付録 A で紹介する Google Colaboratory [*2] というクラウドサービスを利用することで，ウェブブラウザ上でコードの記述・実行ができ，初心者の方でも実行環境の構築を行うことなく Python を導入できるのも魅力である．ぜひ読者の方でもサンプルコードを実装し，本書の内容を実践していただきたい．

本書は実践に重きを置くが，同時に本書単独でも各種学習アルゴリズムとその数学的背景，およびシステム制御の基礎についてある程度理解できるように注意して執筆した．なお，本書で扱うサンプルコードや実験データは以下の出版社 HP にアップロードされているので，適宜ダウンロードされたい．

http://www.rokakuho.co.jp/data/04_support.html

本書の構成

本書はカーネル法の実践と制御応用の実践の二部構成でまとめられている．第 I 部では，まず第 1 章で最も簡単な線形な場合の回帰・分類問題を紹介しよう．ここで紹介する最適化の概念が学習の基盤となる．第 2〜4 章では，カーネル法の応用例として，回帰，サポートベクトルマシン，ガウス過程回帰について概説し，実践例を紹介する．ここでは，瀬戸–伊吹–畑中 [1] で紹介した数値例に加えていくつか重要な例を紹介しよう．第 II 部では，まず第 5 章で本書

[*2] https://colab.research.google.com/ を参照とする．

で用いるシステム制御の基礎について解説する．第6章では，第I部で紹介した内容の応用例として，実際に取得した実験データを用いた制御のための学習について紹介する．さらに，第7章では学習結果の制御への応用例を紹介しよう．なお，本書ではすぐに実践に入りたい読者向けに，数学的背景である最適化の基礎やカーネル法の概説を付録にまとめた．

最後に，本書の完成までに多くの方々のお世話になりました．本書で扱う実験には加藤圭祐氏，堀川聖氏に多大なる協力をいただきました．コードの作成・確認には Marco Omainska 氏に協力していただきました．また，伊吹賢一氏と島根大学の鈴木聡氏は原稿を精読し，多くの誤りや読みづらさを指摘し，改善を提案してくれました．本書の出版にあたっては，内田老鶴圃社長内田学氏，同社編集部笠井千代樹氏，生天目悠也氏に大変お世話になりました．皆様に厚くお礼を申し上げます．

2023 年 4 月

著者

目　次

第I部

カーネル法実践

第 1 章 線形な回帰と分類

本書では，カーネル法の中でも特に回帰と分類に焦点を当てる．第I部では，回帰問題と分類問題を概説し，実装例を紹介する．この章では，手始めに線形の話をしよう．

1.1 線形な回帰

まずは線形な回帰問題から始めよう．$\mathbb{R}^d$ を d 次元**ユークリッド空間**とし，変数 $\boldsymbol{x} \in \mathbb{R}^d$ および $\lambda \in \mathbb{R}$ で表される n 組のデータ $\boldsymbol{x}_1, \ldots, \boldsymbol{x}_n \in \mathbb{R}^d$ と $\lambda_1, \ldots, \lambda_n \in \mathbb{R}$ が与えられたとする．このデータの集合を

$$\mathcal{D} = \{(\boldsymbol{x}_1, \lambda_1), (\boldsymbol{x}_2, \lambda_2), \ldots, (\boldsymbol{x}_n, \lambda_n)\}$$

と表すとき，**回帰**とは，データ $\mathcal{D}$ を基に $\boldsymbol{x}$ と λ の間に

$$\lambda = f(\boldsymbol{x})$$

という関係を近似的に当てはめることである．本書では，$\boldsymbol{x}_1, \ldots, \boldsymbol{x}_n \in \mathbb{R}^d$ を入力データ，$\lambda_1, \ldots, \lambda_n \in \mathbb{R}$ を出力データ，それらをまとめた $\mathcal{D}$ を入出力データとよぶ．特に，機械学習の分野では，入出力データ $\mathcal{D}$ を**訓練データ**とよんだりもする．

回帰問題を解くことによって，必ずしも自明ではない入力・出力間の関係を推測することができる．そればかりでなく，株価や天候，製品の売り上げ（生産量）の予測など，データにない入力点 $\boldsymbol{x}_*$ における出力 λ_* の予測や，制御の分野では未知情報や未知パラメータの推定などにも応用できる．

単回帰

最も単純な問題として，$(x,\lambda)\in\mathbb{R}\times\mathbb{R}$ とする n 組の入出力データ

$$\mathcal{D}=\{(x_1,\lambda_1),(x_2,\lambda_2),\ldots,(x_n,\lambda_n)\}$$

に対して 1 次関数による関係式

$$\lambda=f(x)=c_1x+c_0\quad(c_0,c_1\in\mathbb{R}) \tag{1.1.1}$$

を近似的に当てはめることを考えよう．このように，実数の入力 $x\in\mathbb{R}$ から実数の出力 $\lambda\in\mathbb{R}$ への 1 次関数を用いた回帰のことを**単回帰**とよぶ．

もし与えられたデータが完全に直線 (1.1.1) に乗るのであれば，2 組の入出力データで十分である．しかし，一般にすべてのデータが直線上に乗ることは期待できない．そこで，誤差関数として全データの誤差の 2 乗和

$$L(c_0,c_1)=\sum_{j=1}^{n}|\lambda_j-(c_1x_j+c_0)|^2\geq 0 \tag{1.1.2}$$

を考えよう[*1]．この誤差関数 $L(c_0,c_1)$ を最小化するという意味で最適な学習手法は**最小 2 乗法**とよばれ，

$$\underset{c_0,c_1\in\mathbb{R}}{\arg\min}\,L(c_0,c_1) \tag{1.1.3}$$

で与えられる．(1.1.3) のように，ある関数を最小化する変数を求める問題は**最適化問題**，最小化する変数は**最適解**とよばれる[*2]．つまり，ここでいう学習とは，訓練データ $\mathcal{D}$ を基に誤差関数 L を最小にするという意味で最も確からしい回帰モデルパラメータ c_0, c_1 を求めることである．

以上の問題は以下のようにまとめることができる．

[*1] 誤差の 2 乗を考える理由は大きく三つある．一つは，誤差は正負の値をとりうるため，値を打ち消し合うことにより誤差を過小評価しないためである（**図 1.1** (a) を参照）．二つ目はベクトル・行列表現を用いた際の微分計算のしやすさであり，この点については後述する．三つ目はデータがガウス分布に従うノイズを含むときの最適性の意味付けであり，詳細は Barber [2]，Rasmussen–Williams [14] などを参照されたい．

[*2] 最適化問題の基礎については付録 B を参照とする．

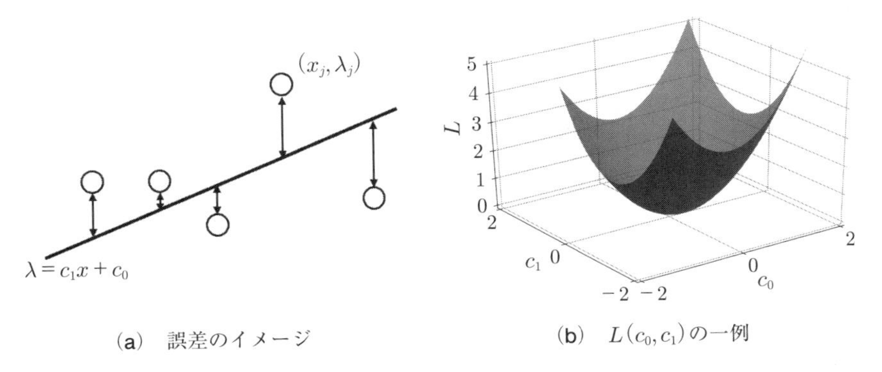

(a)　誤差のイメージ　　(b)　$L(c_0, c_1)$の一例

図 1.1：誤差関数 $L(c_0, c_1)$

問題 A（単回帰）

入力データ $\{x_1, \ldots, x_n\} \subset \mathbb{R}$，出力データ $\lambda_1, \ldots, \lambda_n \in \mathbb{R}$ に対して，

$$L(c_0, c_1) = \sum_{j=1}^{n} |\lambda_j - (c_1 x_j + c_0)|^2$$

を最小化する 1 次関数 $f(x) = c_1 x + c_0$ を見つけよ．

解法　まず，問題 A の解，すなわち最適化問題 (1.1.3) の最適解の存在性について議論しておこう．誤差関数 $L(c_0, c_1)$ は，(1.1.2) を展開してまとめ直すことで，

$$\begin{aligned} L(c_0, c_1) &= \sum_{j=1}^{n} (c_0^2 + x_j^2 c_1^2 + 2x_j c_0 c_1 - 2\lambda_j c_0 - 2x_j \lambda_j c_1 + \lambda_j^2) \\ &= nc_0^2 + \sum_{j=1}^{n} x_j^2 c_1^2 + 2\sum_{j=1}^{n} x_j c_0 c_1 - 2\sum_{j=1}^{n} \lambda_j c_0 - 2\sum_{j=1}^{n} x_j \lambda_j c_1 + \sum_{j=1}^{n} \lambda_j^2 \end{aligned}$$

のように c_0, c_1 の 2 変数に関する 2 次関数で表現できる．今，一つでも 0 以外の x_j が存在すれば c_1^2 の係数は正となるので，誤差関数 $L(c_0, c_1)$ が最小値をとる最適解 $\widehat{c}_0$, $\widehat{c}_1$ が存在する．図 1.1 (b) にその概形を示すように，この最適解は $L(c_0, c_1)$ の c_0, c_1 に関する勾配が 0 となる点で与えられる．

では，実際に最適解 $\widehat{c}_0$, $\widehat{c}_1$ を求めてみよう．ベクトル・行列表現

$$\boldsymbol{\lambda} = \begin{pmatrix} \lambda_1 \\ \lambda_2 \\ \vdots \\ \lambda_n \end{pmatrix} \in \mathbb{R}^n, \quad \boldsymbol{c} = \begin{pmatrix} c_0 \\ c_1 \end{pmatrix} \in \mathbb{R}^2, \quad X = \begin{pmatrix} 1 & x_1 \\ 1 & x_2 \\ \vdots & \vdots \\ 1 & x_n \end{pmatrix} \in \mathbb{R}^{n \times 2}$$

を用いることで，誤差関数は

$$L(c_0, c_1) = \sum_{j=1}^{n} |\lambda_j - (c_1 x_j + c_0)|^2 = \|\boldsymbol{\lambda} - X\boldsymbol{c}\|_{\mathbb{R}^n}^2 = L(\boldsymbol{c})$$

と表現できる．ここで，$\|\cdot\|_{\mathbb{R}^n}$ は $\mathbb{R}^n$ の**ノルム**である．以降，特に対象となる空間を明示する必要がない場合は，ユークリッド空間のノルムは単に $\|\cdot\|$ と表す．

今，誤差関数 $L(\boldsymbol{c})$ を最小にする $\boldsymbol{c}$ を $\widehat{\boldsymbol{c}}$ とおく．このとき，$\widehat{\boldsymbol{c}}$ は

$$\nabla L(\widehat{\boldsymbol{c}}) = \boldsymbol{0} \quad (\boldsymbol{0} \text{ は適切な次元の零ベクトルを表す})$$

を満足する（詳細は付録 B を参照）．そこで，$\nabla L(\boldsymbol{c})$ を計算しよう．

$$\begin{aligned} \nabla L(\boldsymbol{c}) &= \begin{pmatrix} \frac{\partial L(\boldsymbol{c})}{\partial c_0} \\ \frac{\partial L(\boldsymbol{c})}{\partial c_1} \end{pmatrix} \\ &= 2\sum_{j=1}^{n} \begin{pmatrix} c_0 + x_j c_1 - \lambda_j \\ x_j^2 c_1 + x_j c_0 - x_j \lambda_j \end{pmatrix} \\ &= 2 \begin{pmatrix} n & \sum_{j=1}^n x_j \\ \sum_{j=1}^n x_j & \sum_{j=1}^n x_j^2 \end{pmatrix} \begin{pmatrix} c_0 \\ c_1 \end{pmatrix} - 2 \begin{pmatrix} \sum_{j=1}^n \lambda_j \\ \sum_{j=1}^n x_j \lambda_j \end{pmatrix} \\ &= 2X^\top X\boldsymbol{c} - 2X^\top \boldsymbol{\lambda} \end{aligned}$$

より，$\widehat{\boldsymbol{c}}$ がみたすべき条件は

$$X^\top X\widehat{\boldsymbol{c}} - X^\top \boldsymbol{\lambda} = \boldsymbol{0}$$

であり，$\widehat{\boldsymbol{c}}$ は

$$\widehat{\boldsymbol{c}} = (X^\top X)^{-1} X^\top \boldsymbol{\lambda} \tag{1.1.4}$$

と求まる．つまり，1 次関数 (1.1.1) が学習されるのである．なお，$X^\top X$ の逆行列 $(X^\top X)^{-1}$ について，今回の場合は少なくとも 2 点の異なる入力データが与えられたときに必ず存在する[*3]． □

実践 1 単回帰

単回帰を Python で実装してみよう[*4]．変数 $x \in \mathbb{R}$ と $\lambda \in \mathbb{R}$ の間に

$$\lambda = f_T(x) = 0.5x + 3$$

という関係が成り立つとする．今，$[-3, 3]$ の範囲でランダムに生成された 10 点の入力データ $x_1, \ldots, x_{10}$ とそれに対応する出力データ $\lambda_j = f_T(x_j) + \varepsilon_j$ が訓練データ $\mathcal{D}$ として与えられたとしよう．ただし，ここでは出力 λ_j が完全には f_T に従わないことを平均 0，分散 $(0.2)^2$ のガウス分布[*5]に従うノイズ ε_j を加えることで表現している．以上の訓練データは以下のコードにより生成できる．

リスト 1.1 訓練データの生成と描画

```
import matplotlib.pyplot as plt, numpy as np

a0, a1 = 3, 0.5

np.random.seed(3)
n = 10
x_data = 6*np.random.rand(n) - 3
lam_data = a1*x_data + a0 + np.random.normal(0, 0.2, n)

fig, ax = plt.subplots()
ax.scatter(x_data, lam_data, marker='+')
plt.xlabel('$x$'), plt.ylabel('$\lambda$'), plt.show()
```

---

*3 線形代数の範囲でいうと，行列 X が列フルランクであるときに $(X^\top X)^{-1}$ が必ず存在する．

*4 Python の使い方は付録 A を参照とする．

*5 第 4 章で解説する．

8 行目の np.random.normal(0, 0.2, n) により，ガウス分布 $N(0,(0.2)^2)$ に従う n 個の乱数から成るベクトルを生成しており，5 行目のコードも記載することで毎回同じベクトルを生成することができる．また，7 行目の np.random.rand(n) により一様分布に従う乱数を生成でき，生成された乱数は $[0,1]$ の範囲に値をもつ．5 行目の np.random.seed() に指定する数字を変更することで，異なる値をもつベクトルを生成することができる．

次に，(1.1.4) による最適解 $\widehat{\boldsymbol{c}}$ の計算は以下のコードで実行できる．

リスト 1.2　最適解の計算

```
X_data = np.stack((np.ones(n), x_data), 1)
c = np.linalg.pinv(X_data) @ lam_data
```

ここで，np.linalg.pinv は**ムーア・ペンローズ逆行列**や**一般逆行列**とよばれる行列 (Horn–Johnson [11]) を与えるコマンドであり，特に引数となる行列 X が列フルランクであるときに $(X^\top X)^{-1}X^\top$ を与えることに注意してほしい．さらに，訓練データと関数 $f_T(x)$，および学習結果である関係式 (1.1.1) の描画は次のコードで実行できる．

リスト 1.3　学習結果の描画

```
x = np.linspace(-3, 3, 100)
lam = a1*x + a0
lam_sol = c[1]*x + c[0]

fig, ax = plt.subplots()
ax.plot(x, lam), ax.plot(x, lam_sol)
ax.scatter(x_data, lam_data, marker='+')
plt.xlabel('$x$'), plt.ylabel('$\lambda$'), plt.show()
```

なお，関数 $f_T(x)$ および学習結果である関係式 (1.1.1) の描画については，$[-3,3]$ の範囲で等間隔に選んだ 100 点の x に対応した $f_T(x)$ と $\lambda=\widehat{c}_1x+\widehat{c}_0$ の値をそれぞれ求め，各点を内挿することで描画している．

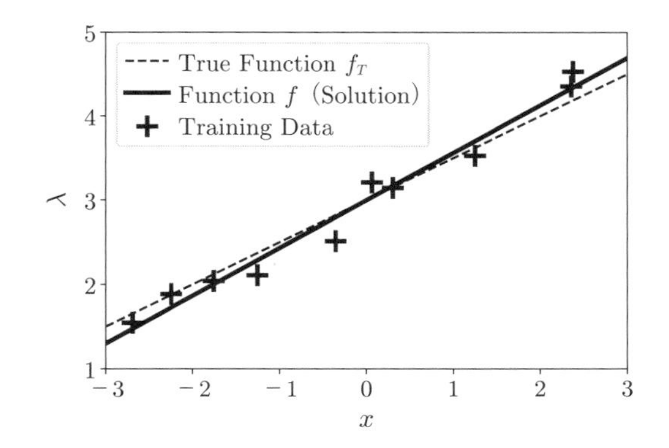

図 1.2：単回帰の数値例

学習の結果を**図 1.2** に示す．図中の '+' 印がノイズを含む訓練データ $\mathcal{D}$ を表しており，さらに実線が学習した関数 $\lambda = f(x)$，破線が訓練データの生成の基となった $\lambda = f_T(x)$ を示している．データがノイズを含む中で，適切に 1 次関数 $f(x)$ が学習できていることがわかるだろう．以上，学習結果として関係式 $\lambda = f(x) = \widehat{c}_1 x + \widehat{c}_0$，すなわち入力 x と出力 λ の間の関係が推定できた．これにより，例えば訓練データにない入力点 x_* に対する出力 λ_* を予測することも可能となるのである．

重回帰

次に，入力の次元を拡張して，ベクトルの入力 $\boldsymbol{x} = (x_1, x_2, \ldots, x_d)^\top \in \mathbb{R}^d$ から実数の出力 $\lambda \in \mathbb{R}$ への 1 次関数を用いた回帰を考えよう．つまり，訓練データ

$$\mathcal{D} = \{(\boldsymbol{x}_1, \lambda_1), (\boldsymbol{x}_2, \lambda_2), \ldots, (\boldsymbol{x}_n, \lambda_n)\} \quad (\boldsymbol{x}_j = (x_{j1}, x_{j2}, \ldots, x_{jd})^\top \in \mathbb{R}^d)$$

に対して，回帰モデルとして 1 次関数

$$\lambda = f(\boldsymbol{x}) = c_d x_d + \cdots + c_1 x_1 + c_0 \tag{1.1.5}$$

を近似的に当てはめることを考えるのである．このような回帰は**重回帰**とよばれる．

重回帰の基本的な考え方は単回帰と同じである．もし与えられたデータが完全に（超）平面 (1.1.5) に乗るのであれば，$d+1$ 組の入出力データで十分である．しかし，一般にそれは期待できない．そこで，誤差関数として

$$L(c_0, c_1, \ldots, c_d) = \sum_{j=1}^{n} |\lambda_j - (c_d x_{jd} + \cdots + c_1 x_{j1} + c_0)|^2 \geq 0$$

を考える．この誤差関数も各誤差の2乗和で表されるため，単回帰と同様にこれを最小化する手法は最小2乗法とよばれる．つまり，ここでいう学習とは，訓練データ $\mathcal{D}$ を基に誤差関数 L を最小にするという意味で最も確からしい回帰モデルパラメータ $c_0, c_1, \ldots, c_d$ を求めることである．

以上の問題は以下のようにまとめることができる．

問題 B（重回帰）

入力データ $\{\boldsymbol{x}_1, \ldots, \boldsymbol{x}_n\} \subset \mathbb{R}^d$，出力データ $\lambda_1, \ldots, \lambda_n \in \mathbb{R}$ に対して，

$$L(c_0, c_1, \ldots, c_d) = \sum_{j=1}^{n} |\lambda_j - (c_d x_{jd} + \cdots + c_1 x_{j1} + c_0)|^2$$

を最小化する1次関数 $f(\boldsymbol{x}) = c_d x_d + \cdots + c_1 x_1 + c_0$ を見つけよ．

解法　問題Bについても，適切なデータ集合の下では最適解の存在が保証され，最適解 $\widehat{c}_0, \widehat{c}_1, \ldots, \widehat{c}_d$ は単回帰とまったく同じ手順で求まる．実際に，ベクトル・行列表現

$$\boldsymbol{\lambda} = \begin{pmatrix} \lambda_1 \\ \lambda_2 \\ \vdots \\ \lambda_n \end{pmatrix} \in \mathbb{R}^n, \quad \boldsymbol{c} = \begin{pmatrix} c_0 \\ c_1 \\ \vdots \\ c_d \end{pmatrix} \in \mathbb{R}^{d+1},$$

$$X = \begin{pmatrix} 1 & x_{11} & \cdots & x_{1d} \\ 1 & x_{21} & \cdots & x_{2d} \\ \vdots & \vdots & \ddots & \vdots \\ 1 & x_{n1} & \cdots & x_{nd} \end{pmatrix} \in \mathbb{R}^{n\times(d+1)}$$

を用いることで，誤差関数は

$$L(\boldsymbol{c}) = \sum_{j=1}^{n} |\lambda_j - (c_d x_{jd} + \cdots + c_1 x_{j1} + c_0)|^2 = \|\boldsymbol{\lambda} - X\boldsymbol{c}\|^2$$

と表現できる．従って，単回帰の場合と同様にして最適解

$$\widehat{\boldsymbol{c}} = (X^\top X)^{-1} X^\top \boldsymbol{\lambda} \tag{1.1.6}$$

が求まる．つまり，1 次関数 (1.1.5) が学習されるのである． □

実践 2 重回帰

重回帰も Python で実装してみよう．変数 $\boldsymbol{x} \in \mathbb{R}^2$ と $\lambda \in \mathbb{R}$ の間に

$$\lambda = f_T(\boldsymbol{x}) = -0.5x_2 + 0.3x_1 + 2$$

という関係が成り立つとする[*6]．今，$[-3,3]\times[-3,3]$ の範囲でランダムに生成された 20 点の入力データ $\boldsymbol{x}_1,\ldots,\boldsymbol{x}_{20}$ とそれに対応する出力データ $\lambda_j = f_T(\boldsymbol{x}_j) + \varepsilon_j$ が訓練データ $\mathcal{D}$ として与えられたとしよう．ただし，ここでも出力 λ_j が平均 0，分散 $(0.5)^2$ のガウス分布に従うノイズ ε_j を含むものとする．以上の訓練データは以下のコードにより生成できる．

---

*6 本書では，グラフの描画を通して視覚的に学習の様子を示すために，入力と出力の次元を合わせて高々 3 次元までの数値例を与える．基本的な構造は変わらないので，より高次元の数値例は読者の方で挑戦してみてほしい．

リスト1.4　訓練データの生成と描画

```
a0, a1, a2 = 2, 0.3, -0.5

np.random.seed(1)
n = 20
x_data = 6*np.random.rand(n, 2) - 3
lam_data = a2*x_data[:, 1] + a1*x_data[:, 0] + a0 + np.random.normal(0, 0.5, n)

fig = plt.figure()
ax = plt.axes(projection="3d")
ax.scatter(x_data[:, 0], x_data[:, 1], lam_data, marker='+')
ax.set_xlabel('$x_1$'), ax.set_ylabel('$x_2$')
ax.set_zlabel('$\lambda$')
ax.view_init(azim=235), plt.show()
```

次に，(1.1.6) による最適解 $\widehat{\boldsymbol{c}}$ の計算は以下のコードで実行できる．

リスト1.5　最適解の計算

```
X_data = np.stack((np.ones(n), x_data[:, 0], x_data[:, 1]), 1)
c = np.linalg.pinv(X_data) @ lam_data
```

さらに，訓練データと関数 $f_T(\boldsymbol{x})$，および学習結果である関係式 (1.1.5) の描画は次のコードで実行できる．

リスト1.6　学習結果の描画

```
x1 = x2 = np.linspace(-3, 3, 100)
X1, X2 = np.meshgrid(x1, x2)
X = np.c_[np.ravel(X1), np.ravel(X2)]

Lam = a2*X[:, 1] + a1*X[:, 0] + a0
lam = Lam.reshape(X1.shape)
Lam_sol = c[2]*X[:, 1] + c[1]*X[:, 0] + c[0]
lam_sol = Lam_sol.reshape(X1.shape)

fig = plt.figure()
```

```
⑪ ax = plt.axes(projection="3d")
⑫ surf = ax.plot_surface(X1, X2, lam, alpha=0.5)
⑬ surf = ax.plot_surface(X1, X2, lam_sol)
⑭ ax.scatter(x_data[:, 0], x_data[:, 1], lam_data, marker='+')
⑮ ax.set_xlabel('$x_1$'), ax.set_ylabel('$x_2$')
⑯ ax.set_zlabel('$\lambda$')
⑰ ax.view_init(azim=235), plt.show()
```

学習の結果を**図 1.3** に示す．図中の '+' 印がノイズを含む訓練データ $\mathcal{D}$ を表しており，さらに濃い平面が学習した関数 $\lambda = f(\boldsymbol{x})$，薄い平面が訓練データの生成の基となった $\lambda = f_T(\boldsymbol{x})$ を示している．単回帰のときと同様に，データがノイズを含む中でも適切に 1 次関数 $f(\boldsymbol{x})$ が学習できていることがわかるだろう．学習結果として関係式 $\lambda = f(\boldsymbol{x}) = \widehat{c}_2 x_2 + \widehat{c}_1 x_1 + \widehat{c}_0$ が推定できたことで，例えば訓練データにない入力点 $\boldsymbol{x}_*$ に対する出力 λ_* が予測できるのである．

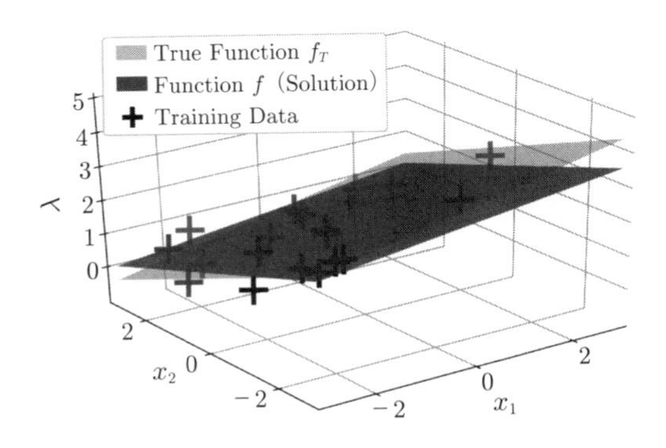

図 1.3：重回帰の数値例

1.2 線形な分類

次に，線形な分類問題を考えよう[*7]．$\mathbb{R}^d$ 上に n 個のデータが分布している

*7 本書では，分類問題として 2 クラス分類問題のみを扱う．多クラス分類についてはビショップ [4]，竹内–烏山 [17] などを参照されたい．

状況を考える．データの集合を

$$\mathcal{D}_x = \{\boldsymbol{x}_1, \ldots, \boldsymbol{x}_n\} \subset \mathbb{R}^d \quad (\boldsymbol{x}_j = (x_{j1}, \ldots, x_{jd})^\top \in \mathbb{R}^d)$$

と表し，各データ $\boldsymbol{x}_j$ には符号 $\lambda_j \in \{-1, +1\}$ がラベル付けされているとする．このとき，データ $\mathcal{D}_x$ は

$$\mathcal{D}_x^+ = \{\boldsymbol{x}_j \in \mathcal{D}_x : \lambda_j = +1\}, \quad \mathcal{D}_x^- = \{\boldsymbol{x}_j \in \mathcal{D}_x : \lambda_j = -1\}$$

と分割される．今，この分割が1次関数

$$f(\boldsymbol{x}) = c_d x_d + \cdots + c_1 x_1 + c_0 = \boldsymbol{c}^\top \boldsymbol{x} + c_0 \quad (\boldsymbol{c} = (c_1, \ldots, c_d)^\top \in \mathbb{R}^d)$$

で実現されるとし，この1次関数を見つけることを**分類**の目的とする．なお，解説の便宜上，本書では回帰と分類でベクトル $\boldsymbol{c}$ の定義が（c_0 を含むか否かで）異なることに注意してほしい．

以上の問題は以下のようにまとめることができる．

問題 C（1次関数による分類）

データ $\mathcal{D}_x = \{\boldsymbol{x}_1, \ldots, \boldsymbol{x}_n\} \subset \mathbb{R}^d$ の分割 $\mathcal{D}_x = \mathcal{D}_x^+ \cup \mathcal{D}_x^-$ に対して，

$$\mathcal{D}_x^+ \subset \{\boldsymbol{x} \in \mathbb{R}^d : f(\boldsymbol{x}) > 0\}, \quad \mathcal{D}_x^- \subset \{\boldsymbol{x} \in \mathbb{R}^d : f(\boldsymbol{x}) < 0\}$$

をみたす1次関数 $f(\boldsymbol{x}) = \boldsymbol{c}^\top \boldsymbol{x} + c_0$ を見つけよ．

当然ながら，問題Cが解をもつためには，元のデータ $\mathcal{D}_x$ が1次関数で $\mathcal{D}_x^+$ と $\mathcal{D}_x^-$ に分離されるものでないとならない．このように，$\mathcal{D}_x^+$ と $\mathcal{D}_x^-$ の間に（超）平面を引けるとき，$\mathcal{D}_x$ は**線形分離**できるという[*8]．

解法　データ $\mathcal{D}_x$ が線形分離可能であり，かつ境界 $f(\boldsymbol{x}) = \boldsymbol{c}^\top \boldsymbol{x} + c_0 = 0$ が適切にすべてのデータ点を分離している場合，$\mathcal{D}_x^+, \mathcal{D}_x^-$ の定義より $\lambda_j f(\boldsymbol{x}_j) > 0$ がすべての $j \in \{1, \ldots, n\}$ で成り立っている必要がある．しかし，この条件だけでは問題Cの解が無数に存在してしまい，唯一解を得るには何かしらの基準

[*8] 2クラスのデータを完全に分離できない場合については3.2節で述べる．

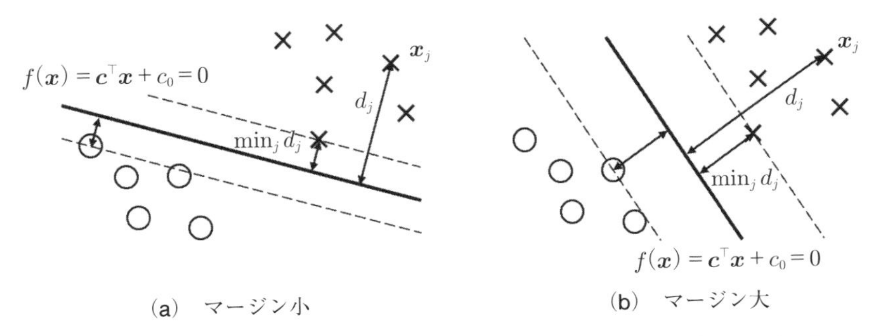

図 1.4：マージンのイメージ（'×' 印，'○' 印はそれぞれデータ $\mathcal{D}_x^+$, $\mathcal{D}_x^-$ をプロットした点）

を設けなければならない．そこで，境界を挟んで二つのクラスがどれほど離れているかを示す**マージン**という指標を導入する（**図 1.4** を参照）．つまり，このマージンを最大化することを考えるのである．この方策は**ハードマージン法**とよばれる．

まず，点と平面の距離の公式より，データ点 $\boldsymbol{x}_j$ と境界 $f(\boldsymbol{x}) = \boldsymbol{c}^\top \boldsymbol{x} + c_0 = 0$ との距離 $d_j \geq 0$ は

$$d_j = \frac{|\boldsymbol{c}^\top \boldsymbol{x}_j + c_0|}{\|\boldsymbol{c}\|}$$

で与えられる．このとき，ハードマージン法の目的は $\min_j d_j$ を最大化する $\boldsymbol{c}$, c_0 を見つけることである．今，すべてのデータが適切に分類されているということは，

$$m = \min_{j \in \{1,\ldots,n\}} |\boldsymbol{c}^\top \boldsymbol{x}_j + c_0|$$

とおくと $m > 0$ が成立することを意味する．ここで，問題 C の目的は超平面 $f(\boldsymbol{x}) = \boldsymbol{c}^\top \boldsymbol{x} + c_0 = 0$ を探すことであり，その表現には定数倍の自由度があることに注意しよう．つまり，その表現方法である $\boldsymbol{c}$, c_0 の選び方は無数に存在する．そこで，以降の議論を円滑に進めるために，$\boldsymbol{c}$, c_0 の選び方として以下の等式が成り立つものを採用しよう．

$$\min_{j \in \{1,\ldots,n\}} |\boldsymbol{c}^\top \boldsymbol{x}_j + c_0| = 1 \tag{1.2.1}$$

このように1次関数 $f(\boldsymbol{x}) = \boldsymbol{c}^\top \boldsymbol{x} + c_0$ を表現することで，データ点 $\boldsymbol{x}_j$ $(j = 1,\ldots,n)$ と境界 $f(\boldsymbol{x}) = 0$ の最小距離は

$$\min_{j \in \{1,\ldots,n\}} d_j = \frac{1}{\|\boldsymbol{c}\|}$$

と表せる．

次に，(1.2.1) から

$$|\boldsymbol{c}^\top \boldsymbol{x}_j + c_0| \geq 1 \quad (j = 1,\ldots,n)$$

が成り立つ．この不等式は，データにラベル付けされた符号 $\lambda_j \in \{-1,+1\}$ を用いることで，すべてのデータが適切に分類されているという制約条件

$$\lambda_j(\boldsymbol{c}^\top \boldsymbol{x}_j + c_0) \geq 1 \quad (j = 1,\ldots,n)$$

に置き換えることができる．以上のことから，マージンを最大化する $\boldsymbol{c}$, c_0 を見つけるという問題は，以下の**制約付き最適化問題**で定式化できる．

$$\mathop{\arg\max}_{\boldsymbol{c}\in\mathbb{R}^d,\ c_0\in\mathbb{R}} \frac{1}{\|\boldsymbol{c}\|} \quad \text{s.t.} \quad \lambda_j(\boldsymbol{c}^\top \boldsymbol{x}_j + c_0) \geq 1 \quad (j = 1,\ldots,n) \tag{1.2.2}$$

最適化問題 (1.2.2) の解法を示そう．$1/\|\boldsymbol{c}\|$ の最大化は $\|\boldsymbol{c}\|^2$ の最小化と等価であることを考慮すると，最適化問題 (1.2.2) は以下の**2次計画問題**とよばれる問題で定式化できる．

$$\mathop{\arg\min}_{\boldsymbol{c}\in\mathbb{R}^d,\ c_0\in\mathbb{R}} \|\boldsymbol{c}\|^2 \quad \text{s.t.} \quad \lambda_j(\boldsymbol{c}^\top \boldsymbol{x}_j + c_0) \geq 1 \quad (j = 1,\ldots,n) \tag{1.2.3}$$

この2次計画問題は唯一解をもつことが知られており，すでに様々なソルバが与えられている．本書では，最適化問題を記述するために `Python` の `CVXPY` を用いることとする．なお，`CVXPY` では複数の不等式（等式）による制約条件を一つのベクトルにより表現することが多いため，本書でも採用しよう．つまり，ベクトル・行列表現

$$\Lambda = \begin{pmatrix} \lambda_1 & & 0 \\ & \ddots & \\ 0 & & \lambda_n \end{pmatrix} \in \mathbb{R}^{n \times n}, \quad X = \begin{pmatrix} x_{11} & \cdots & x_{1d} \\ \vdots & \ddots & \vdots \\ x_{n1} & \cdots & x_{nd} \end{pmatrix} \in \mathbb{R}^{n \times d},$$

$$\mathbf{1}_n = \begin{pmatrix} 1 \\ \vdots \\ 1 \end{pmatrix} \in \mathbb{R}^n$$

と定義することで，(1.2.3) の制約条件を

$$\Lambda(X\boldsymbol{c} + c_0\mathbf{1}_n) \geq \mathbf{1}_n$$

のようにベクトルの不等式で表すのである．この不等式は，ベクトルの各要素がすべて不等号をみたすことを意味する．以上をまとめると，マージン最大化という目的の下で問題 C に対する解を与えるための，最終的に解くべき最適化問題は以下の 2 次計画問題となる．

$$\mathop{\arg\min}_{\boldsymbol{c} \in \mathbb{R}^d, c_0 \in \mathbb{R}} \|\boldsymbol{c}\|^2 \quad \text{s.t.} \quad \Lambda(X\boldsymbol{c} + c_0\mathbf{1}_n) \geq \mathbf{1}_n \tag{1.2.4}$$

□

以上の手順により得られる，1 次関数 f を用いて各点 $\boldsymbol{x}$ にラベル付けをするアルゴリズムは，**線形サポートベクトルマシン**とよばれる．

実践 3　線形サポートベクトルマシン

線形サポートベクトルマシンを Python で実装しよう．$[-5, 5] \times [-5, 5]$ の範囲でランダムに生成された n 点の訓練データ $\mathcal{D}_x = \{\boldsymbol{x}_1, \ldots, \boldsymbol{x}_n\} = \mathcal{D}_x^+ \cup \mathcal{D}_x^-$,

$$\mathcal{D}_x^+ = \{\boldsymbol{x}_j \in \mathcal{D}_x : \lambda_j = +1\}, \quad \mathcal{D}_x^- = \{\boldsymbol{x}_j \in \mathcal{D}_x : \lambda_j = -1\}$$

が与えられているとする．なお，$\boldsymbol{x}_j$ にラベル付けされた符号 $\lambda_j \in \{-1, +1\}$ は境界を表す関数を

$$f_B(\boldsymbol{x}) = -1.5x_2 + x_1$$

として $f_B(\boldsymbol{x}_j)$ の正負により決定している．以上の訓練データは以下のコードにより生成できる．

リスト1.7 訓練データの生成

```
np.random.seed(0)
n = 10
x1_data = -5 + 10*np.random.rand(n)
x2_data = -5 + 10*np.random.rand(n)
lam_data = np.empty(0)
D_plus = D_minus = np.empty(0)

for i in range(n):
  if x1_data[i] >= 1.5*x2_data[i]:
    D_plus = np.append(D_plus, [x1_data[i], x2_data[i]])
    lam_data = np.append(lam_data, 1)
  else:
    D_minus = np.append(D_minus, [x1_data[i], x2_data[i]])
    lam_data = np.append(lam_data, -1)
D_plus = D_plus.reshape(-1, 2).T
D_minus = D_minus.reshape(-1, 2).T
```

また，訓練データと境界 $f_B(\boldsymbol{x}) = 0$ は次のコードで描画できる．

リスト1.8 訓練データとデータ生成に用いた境界の描画

```
x1 = np.linspace(-5, 5, 100)
x2 = (1/1.5)*x1

fig, ax = plt.subplots()
ax.scatter(D_plus[0], D_plus[1], marker='x')
ax.scatter(D_minus[0], D_minus[1], marker='o')
ax.plot(x1, x2, ls='--')
plt.xlabel('$x_1$'), plt.ylabel('$x_2$'), plt.show()
```

次に，2次計画問題 (1.2.4) の求解は以下のコードで実行できる．

リスト 1.9　2 次計画問題の求解

```
import cvxpy as cp

c = cp.Variable(3)
H = np.diag([2, 2, 0])
A = np.diag(lam_data) @ np.vstack((x1_data, x2_data, np.ones(n))).T
b = np.ones(n)
cons = [A @ c >= b]
obj = cp.Minimize(cp.quad_form(c, H))
P = cp.Problem(obj, cons)
P.solve(verbose=False)
```

さらに，後述するサポートベクトルは次のコードで求めることができる．

リスト 1.10　サポートベクトル

```
c = c.value
cons = A @ c - 1
sv_index = (np.where(np.abs(cons) < 1e-7))[0].tolist()
sv = np.array([x1_data[sv_index], x2_data[sv_index]])
```

最後に，学習結果は以下のコードで描画できる．

リスト 1.11　学習結果の描画

```
x2_sol = -(c[0]/c[1])*x1 - (c[2]/c[1])

fig, ax = plt.subplots()
ax.plot(x1, x2, ls='--'), ax.plot(x1, x2_sol)
ax.scatter(D_plus[0], D_plus[1], marker='x')
ax.scatter(D_minus[0], D_minus[1], marker='o')
ax.scatter(sv[0], sv[1], marker='s', color='k', fc='none')
plt.xlabel('$x_1$'), plt.ylabel('$x_2$'), plt.show()
```

訓練データ数 $n = 10$ の場合の学習の結果を**図 1.5** (a) に示す．図中の '×' 印，'○' 印がそれぞれデータ集合 $\mathcal{D}_x^+$, $\mathcal{D}_x^-$ を表しており，さらに実線が学習し

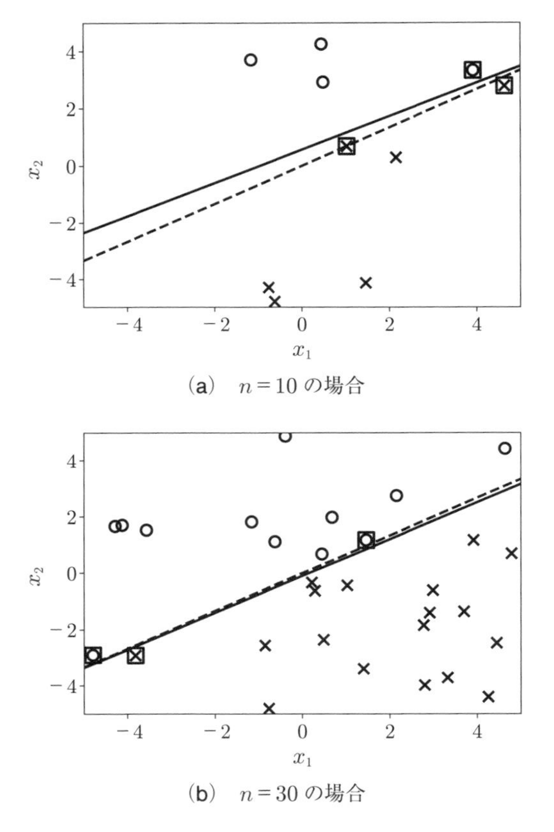

(a)　$n = 10$ の場合

(b)　$n = 30$ の場合

図 1.5：線形サポートベクトルマシンの数値例

た関数から成る直線 $f(\boldsymbol{x}) = \widehat{\boldsymbol{c}}^\top \boldsymbol{x} + \widehat{c}_0 = 0$，破線が訓練データ $\mathcal{D}_x$ の生成の基となった $f_B(\boldsymbol{x}) = 0$ を示している．2クラスのデータを適切に分類する1次関数 $f(\boldsymbol{x})$ が学習できていることがわかるだろう．なお，'□' 印は分類境界に最も近いデータ点を表しており，これらは**サポートベクトル**とよばれる．サポートベクトルは (1.2.4) の制約条件で等式が成り立つデータとして求めることができる．リスト 1.10 の3行目においてサポートベクトルを求めているが，数値計算において等式の厳密な成立は期待できないことに注意してほしい．厳密に等式が成り立つデータを求める代わりに，$|\lambda_j(\widehat{\boldsymbol{c}}^\top \boldsymbol{x}_j + \widehat{c}_0) - 1| < 1.0 \times 10^{-7}$ が

みたされたときに等式が成り立っていると判定している．

また，ここでは訓練データの分類に使用した関数 $f_B(\boldsymbol{x})$ を学習しているわけではないことに注意しよう．ここで行っているのは，あくまで与えられた2クラスのデータをマージン最大化という目的に従って適切に分類する1次関数を見つけることである．例えば，図1.5 (b) に示す $n = 30$ の場合の学習結果では $f(\boldsymbol{x})$ と $f_B(\boldsymbol{x})$ がより近くなっているが，これは単にデータ数が多いためにそのような結果が得られただけである．

1.3 線形からカーネルへ

さて，ここまでは1次関数に基づく回帰問題と分類問題を考えてきたが，すべてが線形の世界で考えられるわけではない．むしろ，線形のまま考えることができる対象の方が稀である．例えば，**図1.6** に示すように放物線の周りにデータ点が分布する場合に，1次関数で回帰することは適切ではないだろう．そこで，次章からは本書の主題であるカーネル法を紹介する．**カーネル法**とは，回帰問題や分類問題そのものを代入が内積で表される空間での問題に変換し，その変換した先での1次関数を考える手法である．この章で紹介した考え方が最適化の基本となっているため，次章以降を読む上で必要に応じて戻ってきてい

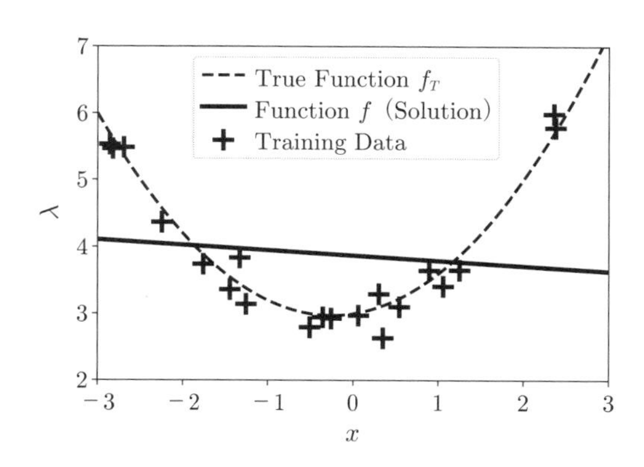

図1.6：放物線に基づくデータを1次関数で回帰した場合

ただきたい.

参考までに, ここで用いたPython コードも示しておこう.

リスト1.12　放物線に基づくデータに対する単回帰

```
np.random.seed(3)
n = 20
x_data = 6*np.random.rand(n) - 3
lam_data = 0.4*x_data**2 + 0.2*x_data + 3 + np.random.normal(0, 0.2, n)

X_data = np.stack((np.ones(n), x_data), 1)
c = np.linalg.pinv(X_data) @ lam_data

x = np.linspace(-3, 3, 100)
lam = 0.4*x**2 + 0.2*x + 3
lam_sol = c[1]*x + c[0]

fig, ax = plt.subplots()
ax.plot(x, lam, ls='--'), ax.plot(x, lam_sol)
ax.scatter(x_data, lam_data, marker='+')
plt.xlabel('$x$'), plt.ylabel('$\lambda$'), plt.show()
```

第 2 章 カーネル回帰

この章では，カーネル法を用いていくつかの回帰問題を解いてみよう．なお，カーネル法の概説は付録 C を参照とし，詳説は瀬戸–伊吹–畑中 [1] に譲ることとする．

2.1 カーネル関数

まずは，カーネル法の基盤となるカーネル関数の定義と例について簡単にまとめることから始めよう．

定義 2.1.1. X を集合とし，k を X 上の 2 変数関数とする．k が次の 2 条件をみたすとき，k は X 上の**カーネル関数**とよばれる．

(i) 任意の $x, y \in X$ に対して以下が成立する．

$$k(x, y) = k(y, x) \quad \textbf{(対称性)}$$

(ii) 任意の $n \in \mathbb{N}$, $\{x_j\}_{j=1}^{n} \subset X$, $\{c_j\}_{j=1}^{n} \subset \mathbb{R}$ に対して以下が成立する．

$$\sum_{i,j=1}^{n} c_i c_j k(x_i, x_j) \geq 0 \quad \textbf{(半正定値性)}$$

ここで，$\mathbb{N}$ は自然数の全体を表す．上記の条件は，

$$K = \begin{pmatrix} k(x_1, x_1) & \cdots & k(x_1, x_n) \\ \vdots & \ddots & \vdots \\ k(x_n, x_1) & \cdots & k(x_n, x_n) \end{pmatrix} \in \mathbb{R}^{n \times n}$$

とおくと，K が半正定値行列であることと等価である．

例 2.1.2.　X を集合とし，$\Phi : X \to \mathbb{R}^d$ を X から $\mathbb{R}^d$ への任意の写像とする．また，$\langle \cdot, \cdot \rangle$ により，$\mathbb{R}^d$ の標準的な**内積**を表す．このとき，

$$k(x, y) = \langle \Phi(x), \Phi(y) \rangle \quad (x, y \in X)$$

はカーネル関数である．特に，f を X 上の任意の関数とするとき，

$$k(x, y) = f(x) f(y) \quad (x, y \in X)$$

はカーネル関数である．

例 2.1.3.　k_1, k_2 を X 上のカーネル関数とする．このとき，

$$(k_1 + k_2)(x, y) = k_1(x, y) + k_2(x, y) \quad (x, y \in X),$$
$$(k_1 k_2)(x, y) = k_1(x, y) k_2(x, y) \quad (x, y \in X)$$

はそれぞれカーネル関数である．

例 2.1.2 と例 2.1.3 を組み合わせることにより，カーネル関数を豊富に構成することができる．例として，以下の関数がカーネル関数であることを示そう．

$$k(\boldsymbol{x}, \boldsymbol{y}) = \exp(-\gamma \|\boldsymbol{x} - \boldsymbol{y}\|^2) \quad (\boldsymbol{x}, \boldsymbol{y} \in \mathbb{R}^d,\ \gamma > 0)$$

これは**ガウスカーネル**とよばれ，本書でも多々登場する．まず，

$$\begin{aligned} \exp(-\gamma \|\boldsymbol{x} - \boldsymbol{y}\|^2) &= \exp(-\gamma(\|\boldsymbol{x}\|^2 - 2\langle \boldsymbol{x}, \boldsymbol{y} \rangle + \|\boldsymbol{y}\|^2)) \\ &= e^{-\gamma \|\boldsymbol{x}\|^2} e^{2\gamma \langle \boldsymbol{x}, \boldsymbol{y} \rangle} e^{-\gamma \|\boldsymbol{y}\|^2} \end{aligned}$$

と変形する．指数関数のマクローリン展開により，$e^{2\gamma \langle \boldsymbol{x}, \boldsymbol{y} \rangle}$ は

$$e^{2\gamma \langle \boldsymbol{x}, \boldsymbol{y} \rangle} = \sum_{n=0}^{\infty} \frac{(2\gamma \langle \boldsymbol{x}, \boldsymbol{y} \rangle)^n}{n!}$$

と表されることに注意しよう．例 2.1.2 から，$\langle \boldsymbol{x}, \boldsymbol{y} \rangle$ はカーネル関数であり，その正の定数倍である $2\gamma \langle \boldsymbol{x}, \boldsymbol{y} \rangle$ もカーネル関数であることは明らかであろう．さ

らに，例 2.1.3 よりカーネル関数の和や積はまたカーネル関数であり，カーネル関数の性質は極限に対して不変であるから，$e^{2\gamma\langle \boldsymbol{x},\boldsymbol{y}\rangle}$ はカーネル関数である．また，例 2.1.2 は $e^{-\gamma\|\boldsymbol{x}\|^2}e^{-\gamma\|\boldsymbol{y}\|^2}$ もカーネル関数であることを示している．従って，例 2.1.3 により，

$$\exp(-\gamma\|\boldsymbol{x}-\boldsymbol{y}\|^2)=e^{-\gamma\|\boldsymbol{x}\|^2}e^{2\gamma\langle \boldsymbol{x},\boldsymbol{y}\rangle}e^{-\gamma\|\boldsymbol{y}\|^2}$$

はカーネル関数であることがわかる．

2.2　多項式回帰

この節では，カーネル回帰に入る前の準備運動として，次の問題 D を線形代数化して解く方法を紹介しよう．鍵となるのは，$\mathbb{R}$ から $\mathbb{R}^{d+1}$ への非線形な写像

$$\Phi(x)=(1,x,\ldots,x^d)^\top$$

である．

問題 D

入力データ $\{x_1,\ldots,x_n\}\subset\mathbb{R}$，出力データ $\boldsymbol{\lambda}=(\lambda_1,\ldots,\lambda_n)^\top\in\mathbb{R}^n$ に対して，

$$L(f)=\sum_{j=1}^{n}|\lambda_j-f(x_j)|^2$$

を最小化する次数 d 以下の多項式 f を見つけよ．

解法　まず，任意のベクトル $\boldsymbol{v}\in\mathbb{R}^{d+1}$ に対して，$f_{\boldsymbol{v}}(x)=\langle\boldsymbol{v},\Phi(x)\rangle$ とおく．このとき，$f_{\boldsymbol{v}}(x)$ は d 次以下の多項式であり，d 次以下の多項式はすべてこの形式で表されることに注意しよう．実際に，$\boldsymbol{v}=(v_0,v_1,\ldots,v_d)^\top$ と表現すると，

$$f_{\boldsymbol{v}}(x)=\langle\boldsymbol{v},\Phi(x)\rangle=v_0+v_1x+\cdots+v_dx^d$$

となる．次に，$\mathbb{R}^{d+1}$ 内で $\{\Phi(x_1),\ldots,\Phi(x_n)\}$ により張られる空間の上への

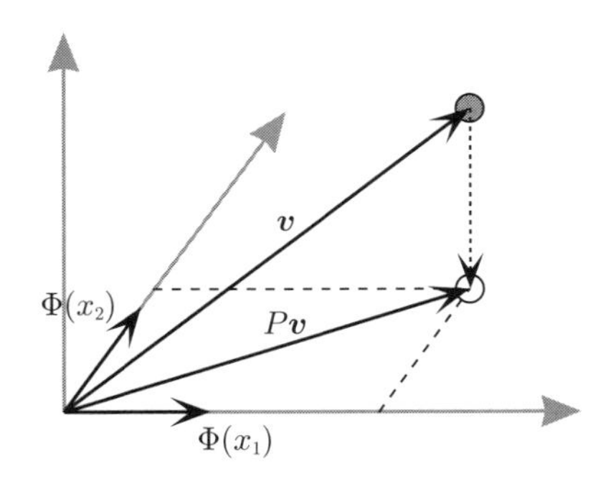

図 2.1：$\Phi(x_1)$, $\Phi(x_2)$ で張られる空間の上への $\boldsymbol{v}$ の直交射影

直交射影を P とする．このとき，$\boldsymbol{v}$ を $\boldsymbol{v} = P\boldsymbol{v} + (\boldsymbol{v} - P\boldsymbol{v})$ と直交分解すると，$\boldsymbol{v} - P\boldsymbol{v}$ と各 $\Phi(x_i)$ は直交する（**図 2.1** を参照）．よって，

$$\langle \boldsymbol{v}, \Phi(x_i) \rangle = \langle P\boldsymbol{v} + (\boldsymbol{v} - P\boldsymbol{v}), \Phi(x_i) \rangle = \langle P\boldsymbol{v}, \Phi(x_i) \rangle$$

が成り立つ．これは，各 x_i 上での $f_{\boldsymbol{v}}$ と $f_{P\boldsymbol{v}}$ の値はまったく同じであることを意味する．従って，すべての $\Phi(x_j)$ と直交する $\boldsymbol{v}$ の成分は $L(f_{\boldsymbol{v}})$ の最小化には寄与しないため，はじめからその成分を 0 としておいても問題ない．

以上のことから，問題 D を考える上では，

$$f(x) = f_{\boldsymbol{v}}(x) \quad \left(\boldsymbol{v} = \sum_{j=1}^{n} c_j \Phi(x_j),\ c_1, \ldots, c_n \in \mathbb{R} \right)$$

と仮定してよいことがわかった．このとき，

$$f_{\boldsymbol{v}}(x_i) = \langle \boldsymbol{v}, \Phi(x_i) \rangle = \left\langle \sum_{j=1}^{n} c_j \Phi(x_j), \Phi(x_i) \right\rangle = \sum_{j=1}^{n} c_j \langle \Phi(x_j), \Phi(x_i) \rangle$$

はベクトル・行列表現を用いて

$$\begin{pmatrix} f_{\boldsymbol{v}}(x_1) \\ \vdots \\ f_{\boldsymbol{v}}(x_n) \end{pmatrix} = \begin{pmatrix} \langle \Phi(x_1), \Phi(x_1) \rangle & \cdots & \langle \Phi(x_n), \Phi(x_1) \rangle \\ \vdots & \ddots & \vdots \\ \langle \Phi(x_1), \Phi(x_n) \rangle & \cdots & \langle \Phi(x_n), \Phi(x_n) \rangle \end{pmatrix} \begin{pmatrix} c_1 \\ \vdots \\ c_n \end{pmatrix}$$

と表すことができる．ここで，$K = (\langle \Phi(x_i), \Phi(x_j) \rangle) \in \mathbb{R}^{n \times n}$, $\boldsymbol{c} = (c_1, \ldots, c_n)^\top \in \mathbb{R}^n$ とおけば，$L(f_{\boldsymbol{v}})$ は単回帰や重回帰のときと同様に

$$L(f_{\boldsymbol{v}}) = \sum_{j=1}^{n} |\lambda_j - f_{\boldsymbol{v}}(x_j)|^2 = \|\boldsymbol{\lambda} - K\boldsymbol{c}\|^2$$

と表現できる．

今回は行列 K が正方行列であるので，$L(f_{\boldsymbol{v}})$ を最小にするベクトル $\widehat{\boldsymbol{c}}$ は K の逆行列 K^{-1} が存在すれば単に $\widehat{\boldsymbol{c}} = K^{-1}\boldsymbol{\lambda}$ と求まる*1．このようにして最適解 $\widehat{\boldsymbol{c}}$ が求まれば，

$$f(x) = f_{\widehat{\boldsymbol{v}}}(x) = \sum_{j=1}^{n} \widehat{c}_j \langle \Phi(x_j), \Phi(x) \rangle$$

が問題 D の解として得られる． □

以上，問題 D のように関数 f を多項式に限定した回帰は**多項式回帰**とよばれる．

実践 4 多項式回帰

多項式回帰を Python で実装してみよう．変数 $x \in \mathbb{R}$ と $\lambda \in \mathbb{R}$ の間に

$$\lambda = f_T(x) = 1 - 1.5x + \sin x + \cos(3x)$$

という関係が成り立つとする．今，$[-3, 3]$ の範囲でランダムに生成された n 点の入力データ $x_1, \ldots, x_n$ とそれに対応する出力データ $\lambda_j = f_T(x_j)$，すなわち訓練データ $\mathcal{D} = \{(x_1, \lambda_1), (x_2, \lambda_2), \ldots, (x_n, \lambda_n)\}$ が与えられたとしよう．以下のコードを実行することで，n 点のランダムなサンプルデータを得ることができる．

*1 他方，行列 K は対称行列でもあるため，逆行列が存在しない場合は $K^\top K = K^2$ の逆行列も存在せず，単回帰や重回帰のときのように $(K^\top K)^{-1} K^\top$ を構成することができない．この場合は，代わりに一般逆行列を用いることを試したり（実践 4 を参照），後述するリッジ回帰で対処することになる．

リスト2.1 訓練データの生成

```
import matplotlib.pyplot as plt, numpy as np, math

np.random.seed(1)
n = 4
d = 2
x_data = 6*np.random.rand(n) - 3
lam_data = 1 - 1.5*x_data + np.sin(x_data) + np.cos(3*x_data)

x = np.linspace(-3, 3, 100)
lam = 1 - 1.5*x + np.sin(x) + np.cos(3*x)
```

今回の場合は，訓練データ数 n や多項式の次数 d によっては行列 K の逆行列が存在するとは限らない．このような場合には後述のリッジ回帰を用いることが推奨されるが，ここでは簡単のために行列 K の一般逆行列を用いることとする．そのためには，$\widehat{c}$ の計算に `np.linalg.inv` ではなく `np.linalg.pinv` を採用するだけでよく，これにより行列 K の逆行列が得られたものとして読み進めていただきたい．

行列 K の定義，最適解の計算，および学習結果の描画は以下のコードにより実行できる．

リスト2.2 行列 K の定義，最適解の計算，および学習結果の描画

```
def Phi(x, d):
    Phi = 1
    for m in range(d):
        Phi = np.hstack((Phi, x**(m + 1)))
    return Phi

def Phi_matrix(x1, x2, d):
    K = np.empty((len(x1), len(x2)))
    for i in range(len(x1)):
      for j in range(len(x2)):
        K[i,j] = Phi(x1[i], d).T @ Phi(x2[j], d)
    return K

```

```
⑭ K = Phi_matrix(x_data, x_data, d)
⑮ c = np.linalg.pinv(K) @ lam_data
⑯ lam_sol = Phi_matrix(x, x_data.T, d) @ c
⑰
⑱ fig, ax = plt.subplots()
⑲ ax.plot(x, lam, ls="--"), ax.plot(x, lam_sol)
⑳ ax.scatter(x_data, lam_data, marker='+')
㉑ plt.xlabel('$x$'), plt.ylabel('$f(x)$'), plt.show()
```

なお，リスト 2.2 では入力がベクトル $\boldsymbol{x}$ である場合にも対応できるように行列 K の定義を記述していることに注意しよう．また，学習した関数を描画するために，リスト 2.1 の 9 行目で生成した 100 点の x に対応した $f(x)$ の値をリスト 2.2 の 16 行目により求めている．

次数が $d = 2, 5, 10$ と増加する場合に対する学習の結果を**図 2.2** に示す．こ

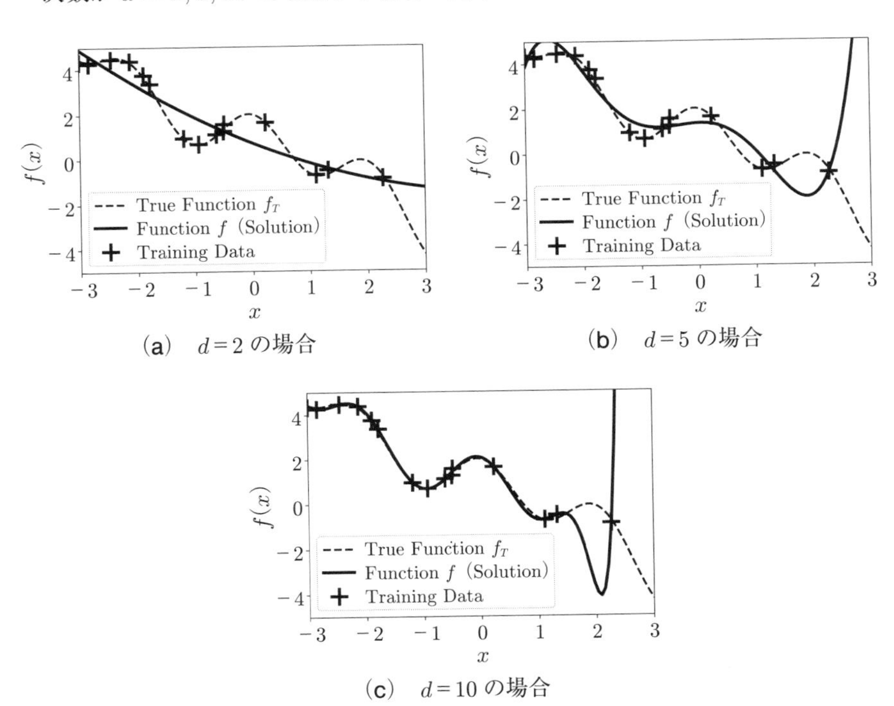

(a)　$d=2$ の場合

(b)　$d=5$ の場合

(c)　$d=10$ の場合

図 2.2：多項式回帰の数値例

こでは，図中の‘+’印が訓練データ $\mathcal{D}$，破線が訓練データの生成の基となった $\lambda = f_T(x)$ を示しており，さらに実線が学習した関数

$$\lambda = f(x) = \sum_{j=1}^{n} \widehat{c}_j \langle \Phi(x_j), \Phi(x) \rangle \quad (\Phi(x) = (1, x, \ldots, x^d)^\top)$$

を表している．図 2.2 より，次数が増加するにつれて真の関係式 $\lambda = f_T(x)$ に近づくという意味で解の精度が良くなり，特に $d = 10$ の図 2.2 (c) では，訓練データが得られているおよそ $[-3.0, 2.3]$ の範囲で十分に精度良く解が求まっていることが確認できるだろう．実際に，$d = 2, 5, 10$ に対して誤差関数

$$L(f) = \sum_{j=1}^{n} |\lambda_j - f(x_j)|^2$$

を計算すると，それぞれ $L(f) \approx 5.9, 4.2, 0.0$ となった．

なお，図 2.2 (b), (c) では外挿部分である $x \geq 2.3$ において $f(x)$ が大きく増大していることにも注目しよう．これは多項式による回帰を行ったことから必然的に現れる特性であり，次数 d を大きくすることでより顕著になっていることも直観的な解釈と一致するであろう．この特性が不適か否かは対象とする問題によりけりであり，ユーザー目線では学習に多項式回帰を採用するか否かの一つの基準となるのである．また，今回の問題設定では $d = 2, 5, 10$ いずれの場合でも行列 K の逆行列が存在しないために一般逆行列を用いたが，良好な学習結果が得られていた．しかし，一般逆行列を用いることで必ずしも良好な学習が保証されるわけではない．この問題を解決する一つの手法として，2.4 節でリッジ回帰を紹介しよう．

2.3　カーネル回帰

多項式回帰は，この節で紹介するカーネル回帰において，多項式カーネルをカーネル関数として選択したものであると解釈できる．この多項式回帰では，自明に内積が定義されるユークリッド空間 $\mathbb{R}^{d+1}$ への写像を用いた．しかし，例えば 2.1 節で紹介したガウスカーネルをカーネル関数として用いようとする

場合，例 2.1.2 に示すようなユークリッド空間への写像 Φ は定義されない．実は，カーネル回帰はそのような写像の存在を前提としない．この事実を説明していこう．

カーネル関数 k に対して $k_x(y) = k(y, x)$ という表現を用いる．今，有限和 $f = \sum_{i=1}^m a_i k_{x_i}$, $g = \sum_{j=1}^n b_j k_{y_j}$ に対して，その内積を

$$\langle f, g \rangle = \left\langle \sum_{i=1}^m a_i k_{x_i}, \sum_{j=1}^n b_j k_{y_j} \right\rangle = \sum_{i=1}^m \sum_{j=1}^n a_i b_j k(y_j, x_i) \tag{2.3.1}$$

と定める．ここで，k_x と k_y の内積は $\langle k_x, k_y \rangle = k(y, x)$ と定められていることに注意しよう．このとき，$f = \sum_{i=1}^m a_i k_{x_i}$ に対して

$$f(x) = \langle f, k_x \rangle \quad (x \in X)$$

が成り立つ．このようなカーネル関数 k とその内積 (2.3.1) で構成される空間を**再生核ヒルベルト空間**とよび，$\mathcal{H}_k$ と表現する*2．以降，ユークリッド空間の内積と明確に区別するために，再生核ヒルベルト空間 $\mathcal{H}_k$ の**内積** (2.3.1) を $\langle \cdot, \cdot \rangle_{\mathcal{H}_k}$ と表すこととする．また，関数 $f \in \mathcal{H}_k$ に対する $\mathcal{H}_k$ の**ノルム**を $\|f\|_{\mathcal{H}_k} = \sqrt{\langle f, f \rangle_{\mathcal{H}_k}}$ と定める．

さて，再生核ヒルベルト空間 $\mathcal{H}_k$ に対する次の問題を考えよう．

問題 E

入力データ $\{\boldsymbol{x}_1, \ldots, \boldsymbol{x}_n\} \subset \mathbb{R}^d$，出力データ $\boldsymbol{\lambda} = (\lambda_1, \ldots, \lambda_n)^\top \in \mathbb{R}^n$ に対して，

$$L(f) = \sum_{j=1}^n |\lambda_j - f(\boldsymbol{x}_j)|^2$$

を最小化する $f \in \mathcal{H}_k$ を見つけよ．

仮に，$\mathcal{H}_k$ のことは忘れて，f を 1 次関数から選ぶことを考えれば，この問題は問題 B（重回帰）（1.1 節）と同じである．つまり，問題 E は $\mathcal{H}_k$ の中で最小 2

*2　より詳細には内積 (2.3.1) に基づく完備化を考える必要がある．

乗法を考えようというのである.

解法　まず, P を $\mathcal{H}_k$ 内で $\{k_{\boldsymbol{x}_1}, \ldots, k_{\boldsymbol{x}_n}\}$ により張られる空間の上への直交射影とする. 詳細は付録 C.2 節で説明するが, ここでは直交射影 P は任意の $f \in \mathcal{H}_k$ に対して $\langle f, k_{\boldsymbol{x}_j} \rangle_{\mathcal{H}_k} = \langle Pf, k_{\boldsymbol{x}_j} \rangle_{\mathcal{H}_k}$ $(j = 1, \ldots, n)$ を満足する写像であると理解しておけばよい. 今, f を $f = Pf + (f - Pf)$ と直交分解すると, $f - Pf$ と各 $k_{\boldsymbol{x}_i}$ は直交する. よって,

$$f(\boldsymbol{x}_i) = \langle f, k_{\boldsymbol{x}_i} \rangle_{\mathcal{H}_k} = \langle Pf + (f - Pf), k_{\boldsymbol{x}_i} \rangle_{\mathcal{H}_k} = \langle Pf, k_{\boldsymbol{x}_i} \rangle_{\mathcal{H}_k} = (Pf)(\boldsymbol{x}_i)$$

が成り立つ. すなわち, 各 $\boldsymbol{x}_i$ 上での f と Pf の値はまったく同じである.

以上のことから, 問題 E を考える上では,

$$f = \sum_{j=1}^{n} c_j k_{\boldsymbol{x}_j} \quad (c_1, \ldots, c_n \in \mathbb{R})$$

と仮定してよい. このとき,

$$f(\boldsymbol{x}_i) = \langle f, k_{\boldsymbol{x}_i} \rangle_{\mathcal{H}_k} = \left\langle \sum_{j=1}^{n} c_j k_{\boldsymbol{x}_j}, k_{\boldsymbol{x}_i} \right\rangle_{\mathcal{H}_k} = \sum_{j=1}^{n} c_j k(\boldsymbol{x}_i, \boldsymbol{x}_j)$$

はベクトル・行列表現を用いると

$$\begin{pmatrix} f(\boldsymbol{x}_1) \\ \vdots \\ f(\boldsymbol{x}_n) \end{pmatrix} = \begin{pmatrix} k(\boldsymbol{x}_1, \boldsymbol{x}_1) & \cdots & k(\boldsymbol{x}_1, \boldsymbol{x}_n) \\ \vdots & \ddots & \vdots \\ k(\boldsymbol{x}_n, \boldsymbol{x}_1) & \cdots & k(\boldsymbol{x}_n, \boldsymbol{x}_n) \end{pmatrix} \begin{pmatrix} c_1 \\ \vdots \\ c_n \end{pmatrix}$$

と表すことができる. ここで, $K = (k(\boldsymbol{x}_i, \boldsymbol{x}_j)) \in \mathbb{R}^{n \times n}$, $\boldsymbol{c} = (c_1, \ldots, c_n)^\top \in \mathbb{R}^n$ とおけば, やはり $L(f)$ は

$$L(f) = \sum_{j=1}^{n} |\lambda_j - f(\boldsymbol{x}_j)|^2 = \|\boldsymbol{\lambda} - K\boldsymbol{c}\|^2 \tag{2.3.2}$$

と表現できる. 従って, 多項式回帰のときと同様に, $L(f)$ を最小にするベクトル $\widehat{\boldsymbol{c}}$ は行列 K の逆行列が存在する場合には $\widehat{\boldsymbol{c}} = K^{-1}\boldsymbol{\lambda}$ と求めることができる. このようにして最適解 $\widehat{\boldsymbol{c}}$ が求まれば,

$$f = \sum_{j=1}^{n} \widehat{c}_j k_{\boldsymbol{x}_j} \in \mathcal{H}_k \tag{2.3.3}$$

が問題 E の解として得られる. □

本書では，以上の手法を**カーネル回帰**とよぶ．ここで，前節の多項式回帰では $\mathbb{R}^{d+1}$ への写像 Φ の存在を前提に，ユークリッド空間の内積を用いて解が導かれていたことを思い出そう．つまり，カーネル関数 k として**多項式カーネル**

$$k(x, y) = \langle \Phi(x), \Phi(y) \rangle = 1 + yx + y^2x^2 + \cdots + y^dx^d$$

を採用していたのである．対照的に，この節で紹介した一般のカーネル回帰は関数の空間 $\mathcal{H}_k$ の内積を直接利用している．上記の解法は，その場合においても線形代数の知識のみによって解 (2.3.3) を導出できることを示している．その際，ヒルベルト空間 $\mathcal{H}_k$ の内積がどのような数式処理に対応するかを議論する必要は一切ない．再生核ヒルベルト空間を構成する内積が存在すれば十分であり，関数 k がカーネル関数である限りにおいて，その存在と一意性は付録 C.1 節に示すムーア・アロンシャインの定理によって保証される．この事実は**カーネルトリック**とよばれている．以上のことは，ユーザー目線では回帰において k をカーネル関数の範囲で自由に選択することができることを意味しており，その用途の広さがわかるであろう．

実践 5　ガウスカーネル回帰

例として，ガウスカーネルを用いたカーネル回帰を Python で実装してみよう．本書では，これを**ガウスカーネル回帰**とよぶこととする．ここでは，実践 4 と同一の訓練データ $\mathcal{D}$ を用いる．ガウスカーネルは

$$k(x, y) = \exp\left(-\frac{(x-y)^2}{2}\right)$$

とし，これは以下のコードにより定義できる．

リスト 2.3 カーネル関数と行列 K の定義

```
def kernel_func(x1, x2):
    gamma = 1/2
    k = math.exp(-gamma*np.sum((x1 - x2)**2))
    return k

def kernel_matrix(x1, x2):
    K = np.empty((len(x1), len(x2)))
    for i in range(len(x1)):
      for j in range(len(x2)):
        K[i,j] = kernel_func(x1[i], x2[j])
    return K
```

なお，リスト 2.3 においても，入力がベクトル $\boldsymbol{x}$ であっても対応できるようにカーネル関数と行列 K の定義を記述していることに注意しよう．

(2.3.2) より，$L(f)$ を最小化する問題は，$\|\boldsymbol{\lambda} - K\boldsymbol{c}\|^2$ を最小にするベクトル $\boldsymbol{c} \in \mathbb{R}^n$ を求める最小 2 乗法に帰着される．ガウスカーネルを用いれば，$x_1, x_2, \ldots, x_n$ がすべて異なれば行列 $K = (k(x_i, x_j))$ は必ず逆行列をもつので，今回の場合は最適解を $\widehat{\boldsymbol{c}} = K^{-1}\boldsymbol{\lambda}$ として求めることができる．この最適解の計算は次のコードにより実行できる．

リスト 2.4 最適解の計算

```
K = kernel_matrix(x_data, x_data)
c = np.linalg.inv(K) @ lam_data
```

また，学習結果は以下のコードで描画できる．

リスト 2.5 学習結果の描画

```
k_s = kernel_matrix(x, x_data)
lam_sol = k_s @ c
x = np.linspace(-3, 3, 100)
lam = 1 - 1.5*x + np.sin(x) + np.cos(3*x)
```

```
⑤
⑥ fig, ax = plt.subplots()
⑦ ax.plot(x, lam, ls="--"), ax.plot(x, lam_sol)
⑧ ax.scatter(x_data, lam_data, marker='+')
⑨ plt.xlabel('$x$'), plt.ylabel('$f(x)$'), plt.show()
⑩
⑪ L = np.linalg.norm(K @ c - lam_data)**2
```

ここでは，リスト 2.1 の 9 行目で生成した 100 点の x に対応する $f(x)$ の値をリスト 2.5 の 2 行目により求めている．

訓練データ数が $n = 4, 8, 15$ と増加する場合に対して，求めた解から生成される関数

$$\lambda = f(x) = \sum_{j=1}^{n} \widehat{c}_j k(x, x_j)$$

を**図 2.3** に実線で示す．図 2.3 (a)〜(c) より，訓練データ数が増加するにつれて解の精度が良くなり，特に $n = 15$ の図 2.3 (c) では十分に精度の良い解が得られていることが確認できるだろう．なお，誤差関数 $L(f)$ はいずれの場合も 0 となり，誤差関数を最小化する意味ではどれも目的を達成している．これは，K の逆行列が存在することから明らかであろう．

ここまでは，$\lambda_j = f_T(x_j)$ をみたすデータが与えられる理想的な状況を考えた．次に，訓練データがノイズ ε_j を含み，出力データが $\lambda_j = f_T(x_j) + \varepsilon_j$ で与えられる状況を考えてみよう．ただし，ノイズ ε_j は平均 0，分散 $(0.1)^2$ のガウス分布に従うものとする．この場合の結果を図 2.3 (d) に示す．問題 E を通して紹介した回帰手法そのままでは，データが微小なノイズを含むだけで解の精度が悪化しうることが確認できるだろう．なお，ノイズを含む場合の結果はリスト 2.1 を以下のものに置き換えることで得られる．

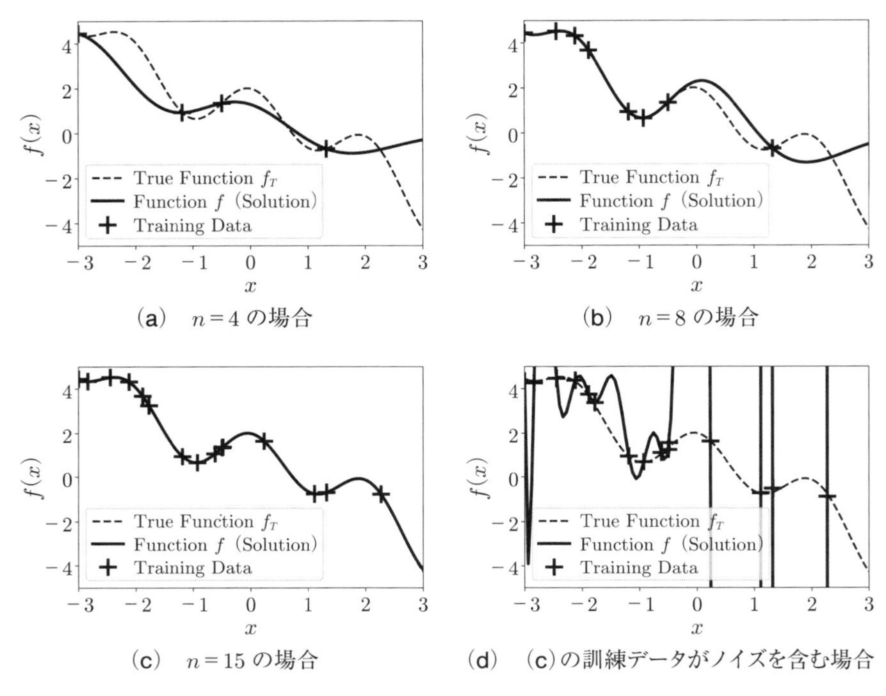

図 2.3：ガウスカーネル回帰の数値例

リスト 2.6 ノイズを含む訓練データの生成

```
import matplotlib.pyplot as plt, numpy as np, math

np.random.seed(1)
n = 4
d = 2
x_data = 6*np.random.rand(n) - 3
lam_data = 1 - 1.5*x_data + np.sin(x_data) + np.cos(3*x_data) \
            + np.random.normal(0, 0.1, n)

x = np.linspace(-3, 3, 100)
lam = 1 - 1.5*x + np.sin(x) + np.cos(3*x)
```

2.4 リッジ回帰

実践5の最後に見たように，ノイズの存在が得られる関数の形に悪影響を及ぼすことがある．また，データによってはそもそも最適解 $\widehat{\boldsymbol{c}}$ の構成に必要な K^{-1} が存在しなかったり，数値計算が不安定になることで $\widehat{\boldsymbol{c}}$ の値が極端に大きくなる場合もある．それが悪い結果であるとは必ずしもいえないが，第II部で取り上げる学習結果の応用の場面において大きな問題を引き起こす可能性がある．実際に，図2.3 (d) に示す学習結果は $L(f)$ の最小化という意味では目的を達成しているが，この結果を例えばデータにない入力点 x_* における出力 λ_* の予測や，後述するロボット制御へ応用することが望ましくないことは容易に想像できるであろう．これは，最小化すべき目的関数として $L(f)$ のみを考慮し，得られる解 $\widehat{\boldsymbol{c}}$ のことを考慮していなかったことに起因している．この弊害として，図2.3 (d) の場合では最適解 $\widehat{c}_j$ の大きさの最大値が 4.62×10^{12} という極端に大きな値となった．学習結果は (2.3.3) の形で与えられるため，極端に大きな $\widehat{c}_j$ が図2.3 (d) のような結果を引き起こしうるのである．

そこで，最小化すべき誤差関数としてベクトル $\boldsymbol{c}$ の大きさを加えた

$$L_r(f) = \|\boldsymbol{\lambda} - K\boldsymbol{c}\|^2 + \alpha\|\boldsymbol{c}\|^2 \quad (\alpha \geq 0)$$

を考えてみよう．ここで導入した α は，元々の学習の目的である2乗誤差の最小化，および新たに考慮する $\boldsymbol{c}$ の増大の抑制という，異なる二つの目的を調整するパラメータである．この α の値をうまく調整することで，$\boldsymbol{c}$ の増大を抑えつつ精度の良い学習を目指すのである．また，後述するように，K^{-1} の存在性についても $K^\top K + \alpha I_n$（$I_n \in \mathbb{R}^{n\times n}$ は n 次の単位行列）の逆行列の存在性に置き換えることができるため，α を調整することで最適解の存在も保証することができる．このように，学習すべきパラメータの大きさを抑制することを**正則化**といい，正則化を施した回帰は**リッジ回帰**とよばれる．

具体的にリッジ回帰の解を求めてみよう．誤差関数 L_r は2乗誤差 L に $\alpha\|\boldsymbol{c}\|^2$ が加わっただけである．従って，通常のカーネル回帰と同様に，

$$\nabla L_r(\boldsymbol{c}) = 2K^\top K\boldsymbol{c} - 2K^\top\boldsymbol{\lambda} + 2\alpha\boldsymbol{c} = \boldsymbol{0}$$

から

$$\widehat{\boldsymbol{c}} = (K^\top K + \alpha I_n)^{-1} K^\top \boldsymbol{\lambda} \tag{2.4.1}$$

が得られる．

実践6　リッジ回帰

リッジ回帰の効果を確認してみよう．リッジ回帰の解は問題Eの最適解 $\widehat{\boldsymbol{c}} = K^{-1}\boldsymbol{\lambda}$ を (2.4.1) に変更するだけなので，リスト 2.4 を以下のコードに変更して実践5のコード（リスト 2.3〜2.6）を実行すればよい．

リスト 2.7　リッジ回帰

```
K = kernel_matrix(x_data, x_data)
alpha = 5e-7
c = np.linalg.inv(K.T @ K + alpha*np.identity(n)) @ K.T @ lam_data
```

まず，$\alpha = 5.0 \times 10^{-7}$ のときの結果を**図 2.4** に実線で示す．なお，ここでは図 2.3 (d) とまったく同一のノイズを含む訓練データを用いている．非常に小さい α を採用したとき，すなわちそれほど $\boldsymbol{c}$ の大きさの抑制を要求しない場合は，関係式 $\lambda = f_T(x)$ と近いという意味で良好な学習ができていることがわかるだろう．実際に，このときの2乗誤差は $L_r = 0.0488$ であった．また，非常に小さな α を用いたにも関わらず，$\widehat{c}_j$ の大きさの最大値は 102.46 まで抑えら

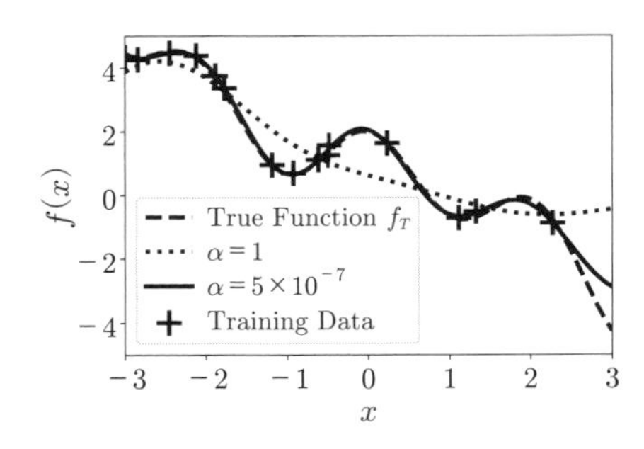

図 2.4：リッジ回帰の数値例

れた．これは，図 2.3 (d) の場合の 4.62×10^{12} と比較して十分に抑制されているといえるであろう．

次に，より $\boldsymbol{c}$ の大きさの抑制を意識した $\alpha = 1.0$ のときの結果を図 2.4 に点線で示す．このとき，$\widehat{c}_j$ の大きさの最大値は 1.13 となり，$\alpha = 5.0 \times 10^{-7}$ のときと比較してより抑制されている．その一方で，学習がおおまかにしか行われていないことがわかるであろう．実際に，このときの 2 乗誤差は $L_r = 4.78$ であった．このように，学習の精度と $\boldsymbol{c}$ の大きさの抑制はトレードオフの関係にあることがわかる．特に，望ましい $\boldsymbol{c}$ の大きさは学習結果の応用先によるので，用途に応じた α の設計が重要となる．第 II 部のように学習結果をロボット制御に応用する際は，適切な制御が実現されるように α を調整したリッジ回帰が採用されることも少なくない．

以上，この節では訓練データがノイズを含む場合にも対応可能な手法の一つとしてリッジ回帰を紹介した．本書では，さらにほかの手法として，確率の概念を導入することでノイズの存在を陽に考慮することを可能にし，回帰結果として確率分布を与えるガウス過程回帰を第 4 章で紹介しよう．瀬戸–伊吹–畑中 [1] において，このガウス過程回帰もカーネル法の一種であると解釈できることが示されている．

第 3 章 サポートベクトルマシン

第2章に引き続き，カーネル法を用いていくつかの分類問題を解いてみよう．

3.1 ハードマージンサポートベクトルマシン

$\mathbb{R}^2$ 上に n 個のデータが分布している状況を考える．データの集合を

$$\mathcal{D}_x = \{\boldsymbol{x}_1, \ldots, \boldsymbol{x}_n\} \subset \mathbb{R}^2 \quad (\boldsymbol{x}_j = (x_{j1}, x_{j2})^\top \in \mathbb{R}^2)$$

と表し，各データ $\boldsymbol{x}_j$ には符号 $\lambda_j \in \{-1, +1\}$ がラベル付けされているとする．このとき，次の問題を考えよう．

問題 F

データ $\mathcal{D}_x = \{\boldsymbol{x}_1, \ldots, \boldsymbol{x}_n\} \subset \mathbb{R}^2$ の分割 $\mathcal{D}_x = \mathcal{D}_x^+ \cup \mathcal{D}_x^-$ に対して，

$$\mathcal{D}_x^+ \subset \{\boldsymbol{x} \in \mathbb{R}^2 : f(\boldsymbol{x}) > 0\}, \quad \mathcal{D}_x^- \subset \{\boldsymbol{x} \in \mathbb{R}^2 : f(\boldsymbol{x}) < 0\}$$

をみたす関数 $f(\boldsymbol{x}) = v_0 + v_1 x_1 + v_2 x_2 + v_3 x_1^2 + v_4 x_2^2$ を見つけよ．

第1章で扱った問題 C（1.2 節）と比較して，$f(\boldsymbol{x}) = v_0 + v_1 x_1 + v_2 x_2 + v_3 x_1^2 + v_4 x_2^2$ を関数の候補とすることにより，境界 $f(\boldsymbol{x}) = 0$ は直線だけでなく円や楕円も表すことができる．つまり，データを分割する図形の選択肢が広がっていることに注意しよう．その一方で，問題 F は線形の枠組みを超えてしまう．そこでカーネル法を適用しよう．写像 $\Phi : \mathbb{R}^2 \to \mathbb{R}^4$ を

$$\Phi(\boldsymbol{x}) = (x_1, x_2, x_1^2, x_2^2)^\top$$

と定めると，例 2.1.2 より $\mathbb{R}^2$ 上のカーネル関数

$$k(\boldsymbol{x},\boldsymbol{y}) = \langle \Phi(\boldsymbol{x}), \Phi(\boldsymbol{y}) \rangle \quad (\boldsymbol{x},\boldsymbol{y} \in \mathbb{R}^2) \tag{3.1.1}$$

が定まる．このとき，$\boldsymbol{v} = (v_1, v_2, v_3, v_4)^\top \in \mathbb{R}^4$, $v_0 \in \mathbb{R}$ に対して，

$$\langle \boldsymbol{v}, \Phi(\boldsymbol{x}) \rangle + v_0 = v_0 + v_1 x_1 + v_2 x_2 + v_3 x_1^2 + v_4 x_2^2$$

が成り立つ．よって，問題Fを解くには，$\mathbb{R}^4$ のベクトル $\boldsymbol{v}$ と $\mathbb{R}$ の v_0 で

$$\Phi(\mathcal{D}_x^+) \subset \{\boldsymbol{z} \in \mathbb{R}^4 : \langle \boldsymbol{v}, \boldsymbol{z} \rangle + v_0 > 0\}, \quad \Phi(\mathcal{D}_x^-) \subset \{\boldsymbol{z} \in \mathbb{R}^4 : \langle \boldsymbol{v}, \boldsymbol{z} \rangle + v_0 < 0\} \tag{3.1.2}$$

をみたすものを見つければよい．

実際に，このような $\boldsymbol{v}$ と v_0 が見つかれば，$\boldsymbol{x}_j \in \mathcal{D}_x^+$ のとき $\Phi(\boldsymbol{x}_j) \in \Phi(\mathcal{D}_x^+)$ であるため，

$$v_0 + v_1 x_{j1} + v_2 x_{j2} + v_3 x_{j1}^2 + v_4 x_{j2}^2 = \langle \boldsymbol{v}, \Phi(\boldsymbol{x}_j) \rangle + v_0 > 0$$

が成り立つからである．$\mathcal{D}_x^-$ についても同様である．従って，

$$f(\boldsymbol{x}) = \langle \boldsymbol{v}, \Phi(\boldsymbol{x}) \rangle + v_0 = v_0 + v_1 x_1 + v_2 x_2 + v_3 x_1^2 + v_4 x_2^2$$

と定めればよい．特に，

$$\{\boldsymbol{z} \in \mathbb{R}^4 : \langle \boldsymbol{v}, \boldsymbol{z} \rangle + v_0 = 0\} \tag{3.1.3}$$

は $\mathbb{R}^4$ 内の超平面であるので，問題Fが $\mathbb{R}^4$ 上での線形分離の問題に帰着されたことになる．つまり，問題Cと同様に解くことができるのである．しかし，後の議論のために，ここでは少し異なる解法を紹介しよう．

解法　具体的に問題Fを解いてみよう．まず，問題D（2.2節）への解法の冒頭と同様の議論により，$\mathbb{R}^4$ 内で $\{\Phi(\boldsymbol{x}_1), \ldots, \Phi(\boldsymbol{x}_n)\}$ により張られる空間への直交射影を P とすると，$\langle \boldsymbol{v}, \Phi(\boldsymbol{x}_i) \rangle = \langle P\boldsymbol{v}, \Phi(\boldsymbol{x}_i) \rangle$ が成立する．よって，問題Fを考える上でも

$$\boldsymbol{v} = \sum_{j=1}^{n} c_j \Phi(\boldsymbol{x}_j) \quad (c_1, \ldots, c_n \in \mathbb{R}) \tag{3.1.4}$$

と仮定してよい．このとき，記号の対応関係として，問題 C（1.2 節）の $\boldsymbol{c}$, c_0, $\boldsymbol{x}_j$ に対応するのは $\boldsymbol{v}$, v_0, $\Phi(\boldsymbol{x}_j)$ であることに注意しよう．今，(3.1.1), (3.1.4) より，問題 C で制約条件に用いられている $\boldsymbol{c}^\top \boldsymbol{x}_i + c_0$ は

$$\begin{aligned}\langle \Phi(\boldsymbol{x}_i), \boldsymbol{v}\rangle + v_0 &= \left\langle \Phi(\boldsymbol{x}_i), \sum_{j=1}^{n} c_j \Phi(\boldsymbol{x}_j) \right\rangle + v_0 \\ &= \sum_{j=1}^{n} c_j \langle \Phi(\boldsymbol{x}_i), \Phi(\boldsymbol{x}_j)\rangle + v_0 \\ &= \sum_{j=1}^{n} c_j k(\boldsymbol{x}_i, \boldsymbol{x}_j) + v_0, \end{aligned} \tag{3.1.5}$$

目的関数 $\|\boldsymbol{c}\|^2$ は

$$\begin{aligned}\|\boldsymbol{v}\|^2 = \left\| \sum_{j=1}^{n} c_j \Phi(\boldsymbol{x}_j) \right\|^2 &= \sum_{i,j=1}^{n} c_i c_j \langle \Phi(\boldsymbol{x}_i), \Phi(\boldsymbol{x}_j)\rangle \\ &= \sum_{i,j=1}^{n} c_i c_j k(\boldsymbol{x}_i, \boldsymbol{x}_j) \end{aligned} \tag{3.1.6}$$

で与えられ，いずれもカーネル関数 k で構成することができる．このことを覚えておこう．

従って，ハードマージン法により $\Phi(\mathcal{D}_x^+)$ と $\Phi(\mathcal{D}_x^-)$ を分離する超平面を求めるには，条件

$$\lambda_i \left(\sum_{j=1}^{n} c_j k(\boldsymbol{x}_i, \boldsymbol{x}_j) + v_0 \right) \geq 1 \quad (i = 1, \ldots, n) \tag{3.1.7}$$

の下で

$$\sum_{i,j=1}^{n} c_i c_j k(\boldsymbol{x}_i, \boldsymbol{x}_j) \tag{3.1.8}$$

を最小化する $c_1, \ldots, c_n$, v_0 を求めればよい．

以上の議論を整理しよう．マージンを最大化する超平面を求めるには，(3.1.8) を目的関数，(3.1.7) を制約条件とした最適化問題を解けばよい．今，

最適化問題の見通しを良くするために，ベクトル・行列表現 $K = (k(\boldsymbol{x}_i, \boldsymbol{x}_j)) \in \mathbb{R}^{n\times n}$, $\boldsymbol{c} = (c_1, \ldots, c_n)^\top \in \mathbb{R}^n$ を導入する．このとき，目的関数は

$$\sum_{i,j=1}^{n} c_i c_j k(\boldsymbol{x}_i, \boldsymbol{x}_j) = \boldsymbol{c}^\top K \boldsymbol{c} \tag{3.1.9}$$

と表現でき，$\boldsymbol{c}$ に関する**2次形式**となる．さらに，各データ $\boldsymbol{x}_j$ にラベル付けされた符号 $\lambda_j \in \{-1, +1\}$ を対角に並べた行列を

$$\Lambda = \begin{pmatrix} \lambda_1 & & 0 \\ & \ddots & \\ 0 & & \lambda_n \end{pmatrix} \in \mathbb{R}^{n\times n}$$

と定義することで，制約条件 (3.1.7) は

$$\Lambda(K\boldsymbol{c} + v_0 \mathbf{1}_n) \geq \mathbf{1}_n \quad (\mathbf{1}_n = (1, \ldots, 1)^\top \in \mathbb{R}^n)$$

のように $\boldsymbol{c}$ に関する1次不等式で表せる．

以上のことから，マージンを最大化する超平面を求める問題は2次計画問題に帰着でき，具体的に次式で与えられる．

$$\mathop{\arg\min}_{\boldsymbol{c}\in\mathbb{R}^n,\, v_0\in\mathbb{R}} \boldsymbol{c}^\top K \boldsymbol{c} \quad \text{s.t.} \quad \Lambda(K\boldsymbol{c} + v_0\mathbf{1}_n) \geq \mathbf{1}_n \tag{3.1.10}$$

ここで, 行列 K は半正定値行列であることに注意しよう．このとき, 問題 (3.1.10) の求解には (1.2.4) に対するソルバと同一のものが適用できる．このようにして得た最適解 $\widehat{\boldsymbol{c}}$, $\widehat{v}_0$ を用いることで，境界として

$$f(\boldsymbol{x}) = \left\langle \sum_{j=1}^{n} \widehat{c}_j \Phi(\boldsymbol{x}_j), \Phi(\boldsymbol{x}) \right\rangle + \widehat{v}_0 = \sum_{j=1}^{n} \widehat{c}_j \langle \Phi(\boldsymbol{x}_j), \Phi(\boldsymbol{x}) \rangle + \widehat{v}_0 = 0$$

を与えることができるのである．　□

以上の手順により得られる，関数 f を用いて各点 $\boldsymbol{x}$ にラベル付けをするアルゴリズムは，**サポートベクトルマシン**とよばれる．特に，ここではハードマージン法による完全な分離を実現することを目的としているため，次節で紹介す

るソフトマージン法との違いを明確にして，**ハードマージンサポートベクトルマシン**とよばれることもある．最後に，問題 (3.1.10) と問題 (1.2.4) を見比べよう．最適化する変数の次元が $d+1$（問題 F の場合は 5）からデータ数 $n+1$ に増加していることが確認できる．すなわち，問題 F だけが解きたいのであれば，(3.1.2) をみたす超平面 (3.1.3) を求める問題に対して，問題 C（1.2 節）の解法を直接利用する方が単純である．しかし，上記の解法が次節以降で取り上げる，より一般的な問題に対する解を与えることを可能にするのである．

実践 7 サポートベクトルマシン

サポートベクトルマシンを Python で実装しよう．境界を表す関数を

$$f_B(\boldsymbol{x}) = 16 + 16x_1 + 18x_2 + 4x_1^2 + 9x_2^2$$

として，$f_B(\boldsymbol{x}_j)$ の正負により，すなわち楕円の内外で 2 クラスに分類される 20 点ずつの訓練データ $\mathcal{D}_x = \{\boldsymbol{x}_1, \ldots, \boldsymbol{x}_{40}\} = \mathcal{D}_x^+ \cup \mathcal{D}_x^-$ を生成する．この訓練データの生成および描画は以下のコードにより実行でき，実際に生成したデータを**図 3.1** に示す．

リスト 3.1 訓練データの生成と描画

```
①  import matplotlib.pyplot as plt, numpy as np, math
②
③  np.random.seed(3)
④  N_minus = 20
⑤  r1 = np.sqrt(0.9*np.random.rand(N_minus))
⑥  t1 = 2*np.pi*np.random.rand(N_minus)
⑦  x_minus_data = np.array([1.5*r1*np.cos(t1) - 2, r1*np.sin(t1) - 1])
⑧  N_plus = 20
⑨  r2 = np.sqrt(2*1.1*np.random.rand(N_plus)+1.1)
⑩  t2 = np.arange(N_plus)*2*np.pi/N_plus
⑪  x_plus_data = np.array([1.5*r2*np.cos(t2) - 2, r2*np.sin(t2) - 1])
⑫  x_data = np.hstack((x_plus_data, x_minus_data))
⑬
⑭  lam_data = np.hstack((np.ones(N_plus), -np.ones(N_minus)))
⑮
```

```
fig, ax = plt.subplots()
ax.scatter(x_plus_data[0], x_plus_data[1], marker='x')
ax.scatter(x_minus_data[0], x_minus_data[1], marker='o')
plt.xlabel('$x_1$'), plt.ylabel('$x_2$'), plt.show()
```

図 3.1 より，直線では $\mathcal{D}_x^+$ と $\mathcal{D}_x^-$ に分類できないことは明らかであろう．

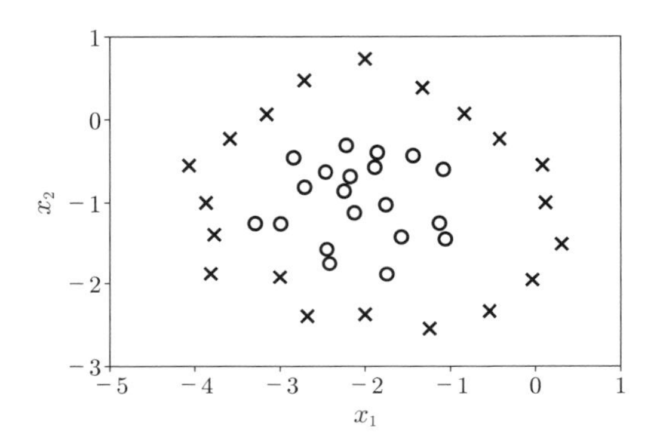

図 3.1：データ集合 $\mathcal{D}_x^+$（'×' 印）と $\mathcal{D}_x^-$（'○' 印）

そこで，カーネル関数を生成し，2 次計画問題 (3.1.10) を解く．まず，カーネル関数と行列 K は次のコードにより定義できる．

リスト 3.2　カーネル関数と行列 K の定義

```
def kernel_func(x1, x2, d):
    x1d = x2d = 0
    for m in range(d):
        x1d = np.hstack((x1d, x1**(m + 1)))
        x2d = np.hstack((x2d, x2**(m + 1)))
    return x1d @ x2d

def kernel_matrix(x1, x2, d):
    K = np.empty((len(x1), len(x2)))
    for i in range(len(x1)):
      for j in range(len(x2)):
        K[i,j] = kernel_func(x1[i], x2[j], d)
    return K
```

次に，以下のコードにより 2 次計画問題 (3.1.10) の解とサポートベクトルを求めることができる．

リスト 3.3 ハードマージン法

```
import cvxpy as cp

N = N_plus + N_minus
c = cp.Variable(N)
v0 = cp.Variable(1)
K = kernel_matrix(x_data.T, x_data.T, 2)
cons = [np.diag(lam_data)@(K @ c + v0*np.ones(N)) >= np.ones(N)]
Kcost = cp.Parameter(shape=K.shape, value=K, PSD=True)
obj = cp.Minimize(cp.quad_form(c, Kcost))
P = cp.Problem(obj, cons)
P.solve(verbose=False)

c = c.value
v0 = v0.value
cons = np.diag(lam_data) @ (K @ c + v0*np.ones(N)) - 1
sv_index = (np.where(np.abs(cons) < 1e-7))[0].tolist()
sv = x_data[:, sv_index]
```

最後に，学習結果は次のコードで描画できる．

リスト 3.4 学習結果の描画

```
x1 = np.linspace(-5, 1, 50)
x2 = np.linspace(-3, 1, 50)
X1, X2 = np.meshgrid(x1, x2)
X = np.c_[np.ravel(X1), np.ravel(X2)]

kx = kernel_matrix(X, x_data.T, 2)
f = kx @ c + v0

fig, ax = plt.subplots()
ax.scatter(x_plus_data[0], x_plus_data[1], marker='x')
ax.scatter(x_minus_data[0], x_minus_data[1], marker='o')
ax.scatter(sv[0], sv[1], marker='s', color='k', fc='none')
plt.contour(X1, X2, f.reshape(X1.shape), [0])
plt.xlabel('$x_1$'), plt.ylabel('$x_2$'), plt.show()
```

学習の結果として，$\widehat{v}_1 = 6.23$, $\widehat{v}_2 = 6.35$, $\widehat{v}_3 = 1.61$, $\widehat{v}_4 = 3.47$，$\widehat{v}_0 = 4.64$ とした関数

$$\begin{aligned} f(\boldsymbol{x}) &= \sum_{j=1}^{40} \widehat{c}_j \langle \Phi(\boldsymbol{x}_j), \Phi(\boldsymbol{x}) \rangle + \widehat{v}_0 \\ &= 6.23x_1 + 6.35x_2 + 1.61x_1^2 + 3.47x_2^2 + 4.64 \end{aligned}$$

が得られた．この関数による境界 $f(\boldsymbol{x}) = 0$ を**図 3.2** に実線で示す．$\mathcal{D}_x^+$ と $\mathcal{D}_x^-$ が完全に分類されていることが確認できるだろう．

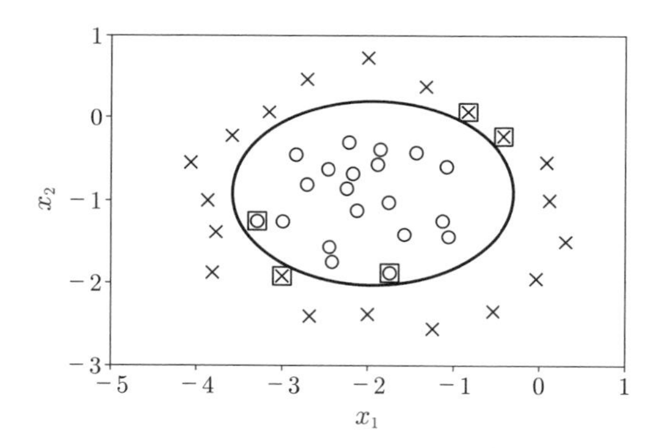

図 3.2：ハードマージン法による分類

3.2　ソフトマージンサポートベクトルマシン

ハードマージン法では，与えられたカーネル関数 k に対して，データ集合 $\mathcal{D}_x^+$ と $\mathcal{D}_x^-$ は分離できると仮定して議論を進めていた．これは，すべてのデータに対して制約条件 (3.1.7) をみたす c_j と v_0 が存在することを仮定している．しかし，データ数が多い場合には，それらがすべて分離できるという条件は強すぎることがある．データが分離可能ではないことは，いくつかのデータが境界 $f(\boldsymbol{x}) = 0$ を超えてしまう，すなわち誤分類が存在しうるということを意味する．これに対して，条件 (3.1.7) を緩和したソフトマージン法とよばれる手法が

ある．ここではそれを紹介しよう．

ソフトマージン法では，非負の実数 $\zeta_i \geq 0$ を導入して

$$\lambda_i \left(\sum_{j=1}^{n} c_j k(\boldsymbol{x}_i, \boldsymbol{x}_j) + v_0 \right) \geq 1 - \zeta_i \quad (i = 1, \ldots, n) \tag{3.2.1}$$

を新しく制約条件として考える．この不等式は，$\mathcal{D}_x^+$ のデータ点に対しては $f(\boldsymbol{x}) \geq 1$ から ζ_i だけはみ出すことを，$\mathcal{D}_x^-$ のデータ点に対しては $f(\boldsymbol{x}) \leq -1$ から ζ_i だけはみ出すことを許容している．ソフトマージン法の目的は，与えられたデータに対してできるだけ誤分類のない超平面を生成する関数 $f(\boldsymbol{x})$ を見つけることであり，そのために適切な ζ_i を求めることが重要となる．今，あるデータ $\boldsymbol{x}_i$ が誤分類されている状況を考えてみよう．例えば，$\boldsymbol{x}_i \in \mathcal{D}_x^+$ であるのに $\sum_{j=1}^{n} c_j k(\boldsymbol{x}_i, \boldsymbol{x}_j) + v_0 < 0$ である場合は，

$$0 > \lambda_i \left(\sum_{j=1}^{n} c_j k(\boldsymbol{x}_i, \boldsymbol{x}_j) + v_0 \right)$$

が成り立つ．従って，条件 (3.2.1) をみたすには少なくとも $\zeta_i > 1$ である必要がある．これは $\boldsymbol{x}_i \in \mathcal{D}_x^-$ であるのに $\sum_{j=1}^{n} c_j k(\boldsymbol{x}_i, \boldsymbol{x}_j) + v_0 > 0$ である場合も同様である．つまり，n 個のデータに対して N 個の誤分類が発生している場合，$\sum_{j=1}^{n} \zeta_j > N$ となるため，分類の精度として $\sum_{j=1}^{n} \zeta_j$ の大きさを評価すればよさそうである．

以上の考察の下で，ハードマージン法で最小化する目的関数として扱った (3.1.9) に誤分類を抑制する項 $\sum_{j=1}^{n} \zeta_j$ を加えたものを新しく目的関数とし，(3.2.1) を制約条件とした以下の最適化問題を定式化する．

$$\begin{aligned} &\mathop{\arg\min}_{\boldsymbol{c}, \boldsymbol{\zeta} \in \mathbb{R}^n,\, v_0 \in \mathbb{R}} \ \boldsymbol{c}^\top K \boldsymbol{c} + \beta \sum_{j=1}^{n} \zeta_j \\ &\qquad \text{s.t.} \quad \Lambda(K\boldsymbol{c} + v_0 \mathbf{1}_n) \geq \mathbf{1}_n - \boldsymbol{\zeta} \quad (\boldsymbol{\zeta} = (\zeta_1, \ldots, \zeta_n)^\top \in \mathbb{R}^n), \\ &\qquad \phantom{\text{s.t.}} \quad \boldsymbol{\zeta} \geq \mathbf{0} \end{aligned} \tag{3.2.2}$$

ここで，目的関数で用いられている $\beta > 0$ は誤分類の抑制具合を調整するパラメータである．β を小さく設定すると，これは誤分類の抑制をそこまで重視しないことを意味するため，誤分類されるデータが多くなる可能性が大きくなる．他方，β を大きくすることは誤分類を強く抑制することを意味し，より望ましい分類結果が得られるように見える．しかし，β を大きくしすぎると誤分類をまったく許容することができなくなり，最適化問題 (3.2.2) の解が存在しなくなってしまうことに注意が必要である．以上の手順により得られる，関数 $f(\boldsymbol{x})$ を用いて各点 $\boldsymbol{x}$ にラベル付けをするアルゴリズムは，分類（マージン）に関する制約条件を緩和していることから**ソフトマージン法**や**ソフトマージンサポートベクトルマシン**とよばれる．

ハードマージン法とソフトマージン法の違いがわかる例題を示そう．実践 7 より，図 3.1 のデータ集合は楕円を高次元空間にもち上げてできる超平面で完全に分離可能であることがわかっているため，$\mathcal{D}_x^+$ と $\mathcal{D}_x^-$ にそれぞれ新たに 1 点ずつ追加した**図 3.3** のデータ集合を分離する境界を求めることを考えよう．x_1 軸の $[-1, 0]$ の範囲に新たに追加したデータのせいで，データを分離する楕円を求めることが難しくなったことがわかるであろう．ここでの目的は，ソフトマージン法を適用することで与えられたデータをできるだけ誤分類なく分離する超平面を求めることである．以下に新しいデータ集合を生成するためのコードを記載する．リスト 3.1 と統合することで，図 3.3 のデータ集合を生成できる．

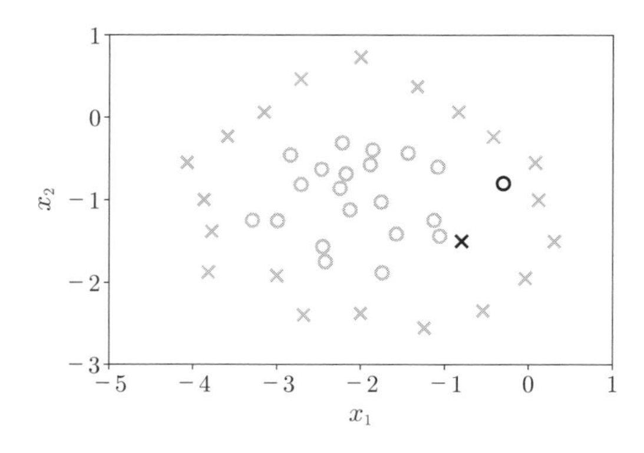

図 3.3：新しいデータ集合

リスト 3.5 訓練データの追加

```
x_minus_data = np.concatenate([x_minus_data, np.array([[-0.3], [-0.8]])], 1)
x_plus_data = np.concatenate([x_plus_data, np.array([[-0.8], [-1.5]])], 1)
x_data  = np.hstack((x_plus_data, x_minus_data))
N_plus += 1
N_minus += 1

lam_data = np.hstack((np.ones(N_plus), -np.ones(N_minus)))
```

次に，最適化問題 (3.2.2) を解いて $\widehat{\boldsymbol{c}}, \widehat{v}_0$ を求めるコードを以下に示す．

リスト 3.6 ソフトマージン法

```
N = N_plus + N_minus
c = cp.Variable(N)
v0 = cp.Variable(1)
zeta = cp.Variable(N)
beta = 10
K = kernel_matrix(x_data.T, x_data.T, 2)
cons = [np.diag(lam_data) @ (K @ c + v0*np.ones(N)) \
        >= np.ones(N) - zeta, zeta >= np.zeros(N)]
Kcost = cp.Parameter(shape=K.shape, value=K, PSD=True)
obj = cp.Minimize(cp.quad_form(c, Kcost) + beta*cp.sum(zeta))
P = cp.Problem(obj, cons)
P.solve(verbose=False)
```

学習の結果として，最適解を用いて得られる境界 $f(\boldsymbol{x}) = 0$ を**図 3.4** に実線で示す．x_1 軸の $[-1, 0]$ の範囲に新たに追加したデータはやはり境界を越えてしまっているが，それ以外のデータは分離できていることが確認できるだろう．ソフトマージン法におけるサポートベクトルの定義は文献により様々であるが，ここでは $\mathcal{D}_x^+$ に対しては $f(\boldsymbol{x}) = 1$ 上のデータ点と $f(\boldsymbol{x}) \geq 1$ の領域からはみ出したデータ点，$\mathcal{D}_x^-$ に対しては $f(\boldsymbol{x}) = -1$ 上のデータ点と $f(\boldsymbol{x}) \leq -1$ の領域からはみ出したデータ点をそれぞれサポートベクトルの定義とする．図 3.4 でも '□' 印がサポートベクトルを示しており，これらのサポートベクトルを求めるコードは以下の通りである．

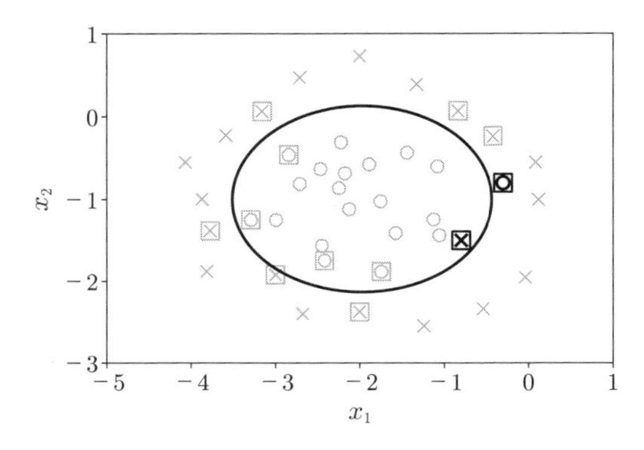

図 3.4：ソフトマージン法による分類

リスト 3.7　サポートベクトル（ソフトマージン法）

```
c = c.value
v0 = v0.value
cons = np.diag(lam_data) @ (K @ c + v0*np.ones(N)) - 1
sv_index = (np.where(np.abs(cons) < 1e-7))[0].tolist()
sv_index += (np.where(zeta.value > 1e-5))[0].tolist()
sv = x_data[:, sv_index]
```

3.3　カーネル法による分類

ここで，話をハードマージン法に戻そう．問題 F（3.1 節）では，元の空間 $\mathbb{R}^2$ から自明に内積が定義されるベクトル空間 $\mathbb{R}^4$ への写像 Φ を用いた．しかし，(3.1.5), (3.1.6) で示したように，マージン最大化のための最適化問題の制約条件，および目的関数はカーネル関数 k だけで構成することができていたことを思い出そう．これは，分類問題においても**カーネルトリック**が適用できることを示唆している．この事実を問題 F をより一般化した以下の問題を通して確認しよう．

問題 G

データ $\mathcal{D}_x = \{\boldsymbol{x}_1, \ldots, \boldsymbol{x}_n\} \subset \mathbb{R}^2$ の分割 $\mathcal{D}_x = \mathcal{D}_x^+ \cup \mathcal{D}_x^-$ に対して,

$$\mathcal{D}_x^+ \subset \{\boldsymbol{x} \in \mathbb{R}^2 : f(\boldsymbol{x}) + \gamma > 0\}, \quad \mathcal{D}_x^- \subset \{\boldsymbol{x} \in \mathbb{R}^2 : f(\boldsymbol{x}) + \gamma < 0\}$$

をみたす関数 $f \in \mathcal{H}_k$ と $\gamma \in \mathbb{R}$ を見つけよ.

問題 G の解は

$$\langle f, k_{\boldsymbol{x}_j} \rangle_{\mathcal{H}_k} + \gamma = f(\boldsymbol{x}_j) + \gamma > 0 \quad (\boldsymbol{x}_j \in \mathcal{D}_x^+),$$
$$\langle f, k_{\boldsymbol{x}_j} \rangle_{\mathcal{H}_k} + \gamma = f(\boldsymbol{x}_j) + \gamma < 0 \quad (\boldsymbol{x}_j \in \mathcal{D}_x^-)$$

をみたすことから, $\mathcal{H}_k$ 内で超平面 $\{g \in \mathcal{H}_k : \langle f, g \rangle_{\mathcal{H}_k} + \gamma = 0\}$ が $\{k_{\boldsymbol{x}_j}\}_{\boldsymbol{x}_j \in \mathcal{D}_x^+}$ と $\{k_{\boldsymbol{x}_j}\}_{\boldsymbol{x}_j \in \mathcal{D}_x^-}$ を線形分離していることがわかる. この問題では, f は再生核ヒルベルト空間 $\mathcal{H}_k$ 内の関数であるため, マージン最大化における距離（内積）の概念も $\mathcal{H}_k$ 内, すなわち $\|\cdot\|_{\mathcal{H}_k}$ $(\langle \cdot, \cdot \rangle_{\mathcal{H}_k})$ を用いて考えるのである.

解法 問題 E（2.3 節）への解法の冒頭と同様の議論により, P を $\mathcal{H}_k$ 内で $\{k_{\boldsymbol{x}_1}, \ldots, k_{\boldsymbol{x}_n}\}$ により張られる空間の上への直交射影とすると, 各 $\boldsymbol{x}_i$ 上での f と Pf の値はまったく同じである. 従って, 問題 G を考える上では

$$f = \sum_{j=1}^{n} c_j k_{\boldsymbol{x}_j} \quad (c_1, \ldots, c_n \in \mathbb{R})$$

と仮定してよい. このとき,

$$f(\boldsymbol{x}_i) = \langle f, k_{\boldsymbol{x}_i} \rangle_{\mathcal{H}_k} = \left\langle \sum_{j=1}^{n} c_j k_{\boldsymbol{x}_j}, k_{\boldsymbol{x}_i} \right\rangle_{\mathcal{H}_k} = \sum_{j=1}^{n} c_j k(\boldsymbol{x}_i, \boldsymbol{x}_j) \tag{3.3.1}$$

かつ

$$\|f\|_{\mathcal{H}_k}^2 = \left\| \sum_{j=1}^n c_j k_{\boldsymbol{x}_j} \right\|_{\mathcal{H}_k}^2 = \sum_{i,j=1}^n c_i c_j \langle k_{\boldsymbol{x}_j}, k_{\boldsymbol{x}_i} \rangle_{\mathcal{H}_k} \\ = \sum_{i,j=1}^n c_i c_j k(\boldsymbol{x}_i, \boldsymbol{x}_j) \tag{3.3.2}$$

が成り立つことに注意しよう．

今，$\lambda_j \in \{-1, +1\}$ で分割される $\mathcal{D}_x^+$ と $\mathcal{D}_x^-$ に対して，$\mathcal{H}_k$ 上におけるハードマージン法を適用しよう．点と平面の距離の公式を $\mathcal{H}_k$ 上で考えることにより，$\mathcal{H}_k$ 上のデータ点 $k_{\boldsymbol{x}_i}$ と超平面 $\{g \in \mathcal{H}_k : \langle f, g \rangle_{\mathcal{H}_k} + \gamma = 0\}$ との距離 $d_i \geq 0$ は次式で与えられる．

$$d_i = \frac{|\langle f, k_{\boldsymbol{x}_i} \rangle_{\mathcal{H}_k} + \gamma|}{\|f\|_{\mathcal{H}_k}} \quad \left(f = \sum_{j=1}^n c_j k_{\boldsymbol{x}_j} \right)$$

このとき，ハードマージン法の目的はやはり $\min_i d_i$ を最大化する $c_1, \ldots, c_n, \gamma$ を求めることである．従って，後は問題Fと同じ解法を適用し，さらに (3.3.1), (3.3.2) を用いることで，

$$\begin{aligned} &\mathop{\arg\min}_{c_1,\ldots,c_n,\gamma \in \mathbb{R}} \sum_{i,j=1}^n c_i c_j k(\boldsymbol{x}_i, \boldsymbol{x}_j) \\ &\text{s.t.} \quad \lambda_i \left(\sum_{j=1}^n c_j k(\boldsymbol{x}_i, \boldsymbol{x}_j) + \gamma \right) \geq 1 \quad (i = 1, \ldots, n) \end{aligned}$$

を解けばよい．

以降の議論も問題Fと同様である．最終的には，問題Fの解法と同様のベクトル・行列表現 $\boldsymbol{c}, \mathbf{1}_n \in \mathbb{R}^n$, $K, \Lambda \in \mathbb{R}^{n \times n}$ を用いた2次計画問題

$$\mathop{\arg\min}_{\boldsymbol{c} \in \mathbb{R}^n,\, \gamma \in \mathbb{R}} \boldsymbol{c}^\top K \boldsymbol{c} \quad \text{s.t.} \quad \Lambda(K\boldsymbol{c} + \gamma \mathbf{1}_n) \geq \mathbf{1}_n$$

を解くことで，マージンを最大化する境界として

$$f(\boldsymbol{x})+\widehat{\gamma}=\left\langle\sum_{j=1}^{n}\widehat{c}_j k_{\boldsymbol{x}_j}, k_{\boldsymbol{x}}\right\rangle_{\mathcal{H}_k}+\widehat{\gamma}=\sum_{j=1}^{n}\widehat{c}_j k(\boldsymbol{x},\boldsymbol{x}_j)+\widehat{\gamma}=0 \tag{3.3.3}$$

が得られる. □

以上, 学習結果である境界 $f(\boldsymbol{x})+\widehat{\gamma}=0$ はカーネル関数 k のみによって与えられることが確認できた. これは, 回帰だけでなく分類においても, ユーザー目線では k をカーネル関数の範囲で自由に選択できることを意味しており, やはりその用途の広さがわかるであろう.

実践 8 ガウスカーネルによるサポートベクトルマシン

以上の内容を Python による実践例で確認しておこう. ここでは, 問題 G をガウスカーネル

$$k(\boldsymbol{x}_i,\boldsymbol{x}_j)=\exp\left(-\frac{\|\boldsymbol{x}_i-\boldsymbol{x}_j\|^2}{2}\right)$$

を用いて解いてみる. 問題 G への解法で示した通り, これは最終的な境界 $f(\boldsymbol{x})+\widehat{\gamma}=0$ が (3.3.3) に変わるだけなので, 基本的には実践 7 と同じコード（リスト 3.1〜3.4）で実装できる. 変更点は, カーネル関数を定義するリスト 3.2 のコードをリスト 2.3（2.3 節）のコードにおき換え, リスト 3.3, 3.4 の 6 行目, `kernel_matrix` の 3 番目の引数を削除することだけである.

分類する訓練データ $\mathcal{D}_x$ は 3.2 節と同一のものとし, 学習結果として境界 $f(\boldsymbol{x})+\widehat{\gamma}=0$ を**図 3.5** に実線で示す. 問題 F で限定していた楕円よりも自由度の高い, マージン最大化という意味でより良い分類ができていることがわかるだろう. これにより, 楕円では正しく分類しきれなかった場合に対してもすべてのデータが正しく分離されていることを確認していただきたい. 実は, ガウスカーネルを用いる場合は, 同じ点（入力）で正負の異なる符号（出力）をもつという矛盾のあるデータが与えられない限り, どのような訓練データに対してもカーネル法により分類できるのである[*1].

---

*1 詳細は瀬戸–伊吹–畑中 [1] の定理 4.3.3 を参照されたい.

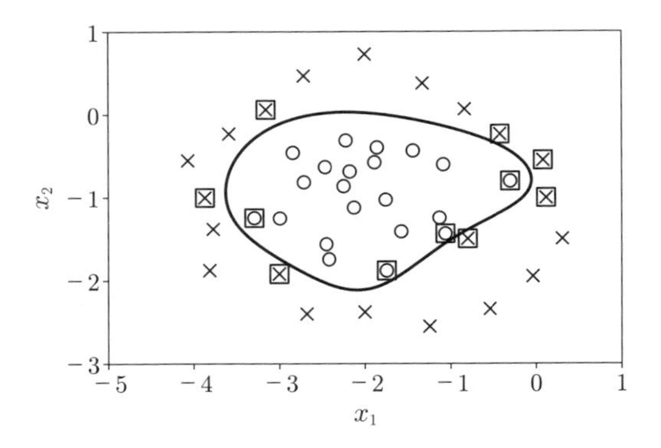

図 3.5：ガウスカーネルによる分類

第 4 章 ガウス過程回帰

第I部の最後として，この章ではカーネル法の一種と解釈できるガウス過程回帰を紹介しよう．ここでも実践に特化して紹介し，ガウス過程回帰そのものの詳説は瀬戸–伊吹–畑中 [1] に譲ることとする．

4.1 ガウス分布

まずはガウス分布について簡単に触れておこう．

1 次元ガウス分布

実数 μ と正の実数 σ に対して，関数 $N(x;\mu,\sigma^2)$ を

$$N(x;\mu,\sigma^2) = \frac{1}{\sqrt{2\pi\sigma^2}} \exp\left(-\frac{(x-\mu)^2}{2\sigma^2}\right) \quad (x \in \mathbb{R})$$

と定める．$N(x;\mu,\sigma^2)$ は**1 次元ガウス分布**の**確率密度関数**とよばれ，確率論や統計学で最も基本的かつ重要な関数である．1 次元ガウス分布は以下のコードで生成，描画可能であり，**図 4.1** にその概形を示す．

リスト 4.1 **1 次元ガウス分布**

```
import numpy as np, matplotlib.pyplot as plt, math

mu, sigma = 0, 1
x = np.linspace(-10, 10, 100)
N = (1/np.sqrt(2*np.pi*sigma**2))*np.exp(-(1/(2*sigma**2))*(x - mu)**2)

fig, ax = plt.subplots()
```

```
⑧ ax.plot(x, N.reshape(-1,)),
⑨ plt.xlabel('$x$'), plt.ylabel('$N(x; \mu, \sigma^2)$'), plt.show()
```

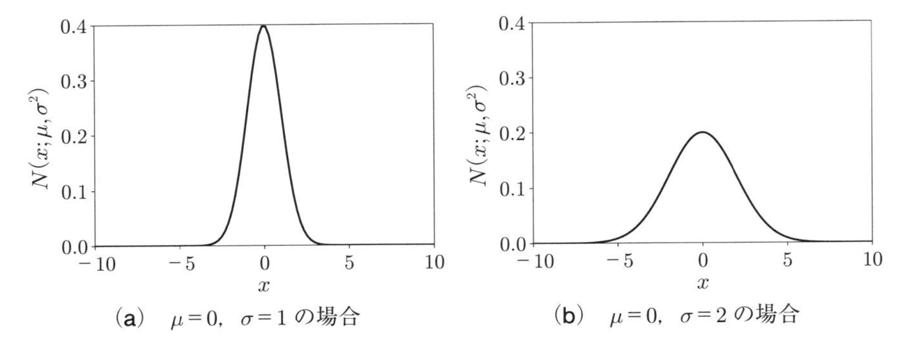

(a)　$\mu=0$，$\sigma=1$ の場合　　(b)　$\mu=0$，$\sigma=2$ の場合

図 4.1：1 次元ガウス分布

今，確率変数 X の値が $[a,b]$ に入る**確率**を $P(a \leq X \leq b)$ と表そう．本書では，確率変数 X に対して

$$P(a \leq X \leq b) = \int_a^b N(x;\mu,\sigma^2)\,\mathrm{d}x$$

を仮定するとき，X は平均 μ，分散 σ^2 のガウス分布に従うといい，これを簡便に

$$X \sim N(\mu,\sigma^2)$$

と表す．ガウス分布に従う確率変数 X の平均 $E[X]$ と分散 $V[X]$ は

$$E[X] = \int_{-\infty}^{\infty} xN(x;\mu,\sigma^2)\,\mathrm{d}x,$$
$$V[X] = E[(X-E[X])^2] = \int_{-\infty}^{\infty} (x-E[X])^2 N(x;\mu,\sigma^2)\,\mathrm{d}x$$

で定められ，丁寧に計算することによりそれぞれ $E[X]=\mu$, $V[X]=\sigma^2$ となることが確かめられる．

多次元ガウス分布

n を 2 以上の整数とする．$\mathbb{R}^n$ のベクトル $\boldsymbol{\mu}$ と n 次の正定値行列 Σ に対して，$\mathbb{R}^n$ 上の関数 $N(\boldsymbol{x};\boldsymbol{\mu},\Sigma)$ を

$$N(\boldsymbol{x};\boldsymbol{\mu},\Sigma) = \frac{1}{(2\pi)^{\frac{n}{2}}(\det\Sigma)^{\frac{1}{2}}}\exp\left(-\frac{1}{2}\langle\Sigma^{-1}(\boldsymbol{x}-\boldsymbol{\mu}),\boldsymbol{x}-\boldsymbol{\mu}\rangle\right)\quad(\boldsymbol{x}\in\mathbb{R}^n)$$

と定める．$N(\boldsymbol{x};\boldsymbol{\mu},\Sigma)$ は**多次元ガウス分布**の確率密度関数とよばれる．ここで，Σ は固有値 0 をもたないため $\det\Sigma\neq 0$ であり，Σ^{-1} が必ず存在することに注意しよう．例として，$n=2$ の場合の多次元ガウス分布は以下のコードで生成，描画可能であり，その概形を**図 4.2** に示す．

リスト 4.2　2 次元ガウス分布

```
mu, Sigma = np.zeros(2), 1*np.diag([1,1])

x1 = x2 = np.linspace(-3, 3, 100)
X1, X2 = np.meshgrid(x1, x2)
X = np.c_[np.ravel(X1), np.ravel(X2)]

detSigma = np.linalg.det(Sigma)
invSigma = np.linalg.inv(Sigma)
N = (1/(np.sqrt((2*np.pi)**2*detSigma))) \
  * np.exp(-0.5*np.diag((X - mu) @ invSigma @ (X - mu).T))
N = N.reshape(X1.shape)

fig = plt.figure()
ax = fig.add_subplot(projection='3d')
surf = ax.plot_surface(X1, X2, N), plt.show()
```

確率変数 $X_1,\ldots,X_n$ に対して，$\boldsymbol{X}=(X_1,\ldots,X_n)^\top$ とおき，これを**確率ベクトル**とよぶことにしよう．1 次元ガウス分布と同様に，

$$P(\boldsymbol{X}\in B)=\int_B N(\boldsymbol{x};\boldsymbol{\mu},\Sigma)\,\mathrm{d}x_1\cdots\mathrm{d}x_n\quad(B\subset\mathbb{R}^n)$$

を仮定するとき，$\boldsymbol{X}$ は多次元ガウス分布 $N(\boldsymbol{\mu},\Sigma)$ に従うといい，

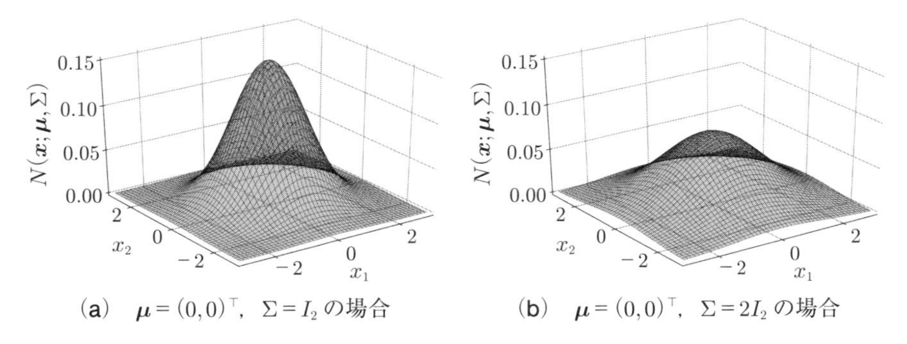

(a)　$\boldsymbol{\mu}=(0,0)^\top$，$\Sigma=I_2$ の場合　　(b)　$\boldsymbol{\mu}=(0,0)^\top$，$\Sigma=2I_2$ の場合

図 4.2：2 次元ガウス分布

$$\boldsymbol{X} \sim N(\boldsymbol{\mu}, \Sigma)$$

と表す．

ここでは確率ベクトルを $\boldsymbol{X} = (X_1, \ldots, X_n)^\top$，前章までは通常の変数ベクトルを $\boldsymbol{x}$ と表現したが，誤解のおそれがない限り，この章においては確率ベクトルも変数 $\boldsymbol{x}$ と同じ記号で表す．以降，$N(\boldsymbol{x};\boldsymbol{\mu},\Sigma)$ を確率密度関数とする多次元ガウス分布に従う確率ベクトル $\boldsymbol{x}$ を考える．このとき，多次元ガウス分布に従う確率ベクトル $\boldsymbol{x}$ の**平均ベクトル** $E[\boldsymbol{x}]$ と**共分散行列** $V[\boldsymbol{x}]$ は

$$E[\boldsymbol{x}] = \int_{\mathbb{R}^n} N(\boldsymbol{x};\boldsymbol{\mu},\Sigma)\boldsymbol{x}\ \mathrm{d}x_1 \cdots \mathrm{d}x_n,$$
$$V[\boldsymbol{x}] = E[(\boldsymbol{x} - E[\boldsymbol{x}])(\boldsymbol{x} - E[\boldsymbol{x}])^\top]$$

で定められ，やはり丁寧に計算することによりそれぞれ $E[\boldsymbol{x}] = \boldsymbol{\mu}$, $V[\boldsymbol{x}] = \Sigma$ となることが確かめられる．

4.2　ガウス過程回帰

次のような状況を考えよう．ある装置にデータ $\boldsymbol{x} = (x_1, \ldots, x_n)^\top$ を入力したとき，出力として $\bar{\boldsymbol{z}}$ を観測したとする[*1]．今，この観測には誤差が含まれていることを考慮して，$\bar{\boldsymbol{z}}$ を

$$\boldsymbol{z} = \boldsymbol{y} + \boldsymbol{\epsilon} \tag{4.2.1}$$

の形の関数で推定したい．ここで，$\boldsymbol{y} = \boldsymbol{y}(\boldsymbol{x})$ は $\boldsymbol{x}$ を変数とする関数であり，$\boldsymbol{\epsilon}$ は $N(\mathbf{0}, \eta^{-1}I)$ $(\eta > 0)$ に従う誤差（ノイズ）ベクトルである．このとき，次のような問題を考えたい．

問題 H

新たなデータ $\boldsymbol{x}_*$ が与えられたとき，対応する出力 $\boldsymbol{z}(\boldsymbol{x}_*)$ を予測せよ．特に，$\bar{\boldsymbol{z}}$ を観測した後の $\boldsymbol{z}(\boldsymbol{x}_*)$ に関する条件付き確率分布を求めよ．

ガウス過程回帰は問題 H に対して一つの解法を与える．学習の結果として確率分布が得られるため，平均情報だけでなく分散情報も含めたリッチな予測情報が得られる．しかし，問題 H はこのままでは $\boldsymbol{y}$ に関する事前情報がないため一般に解くことが難しい．そこで，$\boldsymbol{y}$ の同時分布がガウス過程に従うと仮定したものが**ガウス過程回帰**である．$\boldsymbol{y} = \boldsymbol{y}(\boldsymbol{x})$ と誤差ベクトル $\boldsymbol{\epsilon}$ が独立にガウス分布に従うことを仮定すると，$\boldsymbol{z} = \boldsymbol{y} + \boldsymbol{\epsilon}$ もガウス分布に従うことが導かれる．このことから，$\bar{\boldsymbol{z}}$ を観測した後の $\boldsymbol{z}(\boldsymbol{x}_*)$ に関する条件付き確率分布もガウス分布となる．

詳細は瀬戸–伊吹–畑中 [1] に譲ることとして，ここでは結果だけを述べておこう．ガウス過程回帰では，$\boldsymbol{y}$ が従う多次元ガウス分布はカーネル関数により構成される．今，カーネル関数 k，自然数 n，入力データ $x_1, \ldots, x_n$ に対して，

$$K_n(\boldsymbol{x}) = \begin{pmatrix} k(x_1, x_1) & \cdots & k(x_1, x_n) \\ \vdots & \ddots & \vdots \\ k(x_n, x_1) & \cdots & k(x_n, x_n) \end{pmatrix} \in \mathbb{R}^{n \times n}$$

と表そう．このカーネル関数から成る行列はこれまでにも登場してきたが，ここ

*1 表記の簡単化のために，ここでは特に入力データ x_j の次元は指定していない．具体的に扱う問題に合わせて適切に解釈してほしい．

ではデータ数 n を明確に示すために K_n と表現することとする．さらに，データ $\boldsymbol{x}$ にない新たなデータ $\boldsymbol{x}_* = (x_{n+1}, \ldots, x_{n+m})^\top$ が与えられた場合に対して，

$$K_m(\boldsymbol{x}_*) = \begin{pmatrix} k(x_{n+1}, x_{n+1}) & \cdots & k(x_{n+1}, x_{n+m}) \\ \vdots & \ddots & \vdots \\ k(x_{n+m}, x_{n+1}) & \cdots & k(x_{n+m}, x_{n+m}) \end{pmatrix} \in \mathbb{R}^{m \times m},$$

$$\boldsymbol{k}(\boldsymbol{x}, \boldsymbol{x}_*) = \begin{pmatrix} k(x_1, x_{n+1}) & \cdots & k(x_1, x_{n+m}) \\ \vdots & \ddots & \vdots \\ k(x_n, x_{n+1}) & \cdots & k(x_n, x_{n+m}) \end{pmatrix} \in \mathbb{R}^{n \times m}$$

と定める．

このとき，ガウス過程回帰の学習結果である $\boldsymbol{z}(\boldsymbol{x}_*)$ に関する条件付き確率分布も多次元ガウス分布で与えられ，その平均ベクトル $\boldsymbol{\mu}$ と共分散行列 Σ は

$$\boldsymbol{\mu} = \boldsymbol{\mu}(\boldsymbol{x}_*) = \begin{pmatrix} \displaystyle\sum_{j=1}^{n} c_j k(x_j, x_{n+1}) \\ \vdots \\ \displaystyle\sum_{j=1}^{n} c_j k(x_j, x_{n+m}) \end{pmatrix}, \tag{4.2.2}$$

$$\Sigma = \Sigma(\boldsymbol{x}_*) = K_m(\boldsymbol{x}_*) + \eta^{-1} I_m - \boldsymbol{k}(\boldsymbol{x}, \boldsymbol{x}_*)^\top (K_n(\boldsymbol{x}) + \eta^{-1} I_n)^{-1} \boldsymbol{k}(\boldsymbol{x}, \boldsymbol{x}_*) \tag{4.2.3}$$

となる．ここで，$c_1, \ldots, c_n \in \mathbb{R}$ は

$$(K_n(\boldsymbol{x}) + \eta^{-1} I_n)^{-1} \bar{\boldsymbol{z}} = (c_1, \ldots, c_n)^\top$$

により定められる定数である．特に，$m = 1$ のときは

$$\mu = \mu(x_*) = \sum_{j=1}^{n} c_j k(x_j, x_*), \tag{4.2.4}$$

$$\begin{aligned} \sigma^2 &= \sigma^2(x_*) \\ &= k(x_*, x_*) + \eta^{-1} - \langle (K_n(\boldsymbol{x}) + \eta^{-1} I_n)^{-1} \boldsymbol{k}(\boldsymbol{x}, x_*), \boldsymbol{k}(\boldsymbol{x}, x_*) \rangle \end{aligned} \tag{4.2.5}$$

が得られる．

以上のように，ガウス過程回帰の枠組みで，問題 H に対する解を与えることができる．なお，学習結果である $\boldsymbol{z}(\boldsymbol{x}_*)$ に関する条件付き確率分布（予測分布）は，入力データ $x_1, \ldots, x_n, x_{n+1}, \ldots, x_{n+m}$，観測値 $\bar{\boldsymbol{z}}$，カーネル関数 k だけから定まることに注意しよう．ガウス過程回帰では，$\boldsymbol{z}(\boldsymbol{x}_*)$ に対する予測として主に $\boldsymbol{\mu} = \boldsymbol{\mu}(\boldsymbol{x}_*)$ を採用し，さらに必要があれば $\Sigma = \Sigma(\boldsymbol{x}_*)$ の情報も活用できる．この応用例については第 II 部で紹介しよう．

実践 9　ガウス過程回帰による 1 変数関数予測

ガウス過程回帰を Python で実装しよう．まずは 1 変数関数の予測を考える．2.3 節と同一のものとして，以下の 1 変数関数による $x \in \mathbb{R}$ と $z \in \mathbb{R}$ の間の関係を考えよう．

$$z(x) = y(x) + \varepsilon = 1 - 1.5x + \sin x + \cos(3x) + \varepsilon$$

ただし，$\varepsilon \sim N(0, (0.1)^2)$ とする．ここでの目的は，データ $x_1, \ldots, x_n$ 以外の入力点 x_* に対する出力 $z(x_*)$ の確率分布を予測することである．今，$[-3, 3]$ の範囲でランダムに生成された n 点の入力データ $x_1, \ldots, x_n$ とそれに対応する出力データ $\bar{z}_j(x_j)$，すなわち訓練データ $\mathcal{D} = \{(x_1, \bar{z}_1(x_1)), \ldots, (x_n, \bar{z}_n(x_n))\}$ が与えられたとしよう．なお，$\boldsymbol{z}$ は

$$k(x_i, x_j) = \sigma_f^2 \exp\left(-\frac{(x_i - x_j)^2}{2q^2}\right) + \Delta(x_i, x_j)\sigma_n^2 \quad (\sigma_f, q, \sigma_n > 0) \tag{4.2.6}$$

により定められる共分散行列 $K = (k(x_i, x_j))$ に対して $\boldsymbol{z} \sim N(\boldsymbol{0}, K)$ が成り立つとする．ここで，Δ は

$$\Delta(x, y) = \begin{cases} 1 & (x = y) \\ 0 & (x \neq y) \end{cases}$$

により定められるカーネル関数である．また，σ_f，q，σ_n は**ハイパーパラメータ**とよばれる設計パラメータであり，その設計手法については 4.3 節で説明し

よう[*2].

以上の問題設定をPythonで実装する．まず，ノイズを含まない関数yとカーネル関数，行列Kの定義は以下のコードで実行できる．

リスト 4.3　関数 y の定義

```
def true_func(x):
    y = 1 - 1.5*x + np.sin(x) + np.cos(3*x)
    return y

np.random.seed(1)
x = np.linspace(-3, 3, 100)
y = true_func(x)
```

リスト 4.4　カーネル関数と行列 K の定義

```
def kernel_func(x1, x2, i, j, hp):
    if i == j and all(x1 == x2):
      k = hp[0]**2 + hp[2]**2
    else:
      k = hp[0]**2*math.exp(-(1/(2*hp[1]**2))*np.sum((x1 - x2)**2))
    return k

def kernel_matrix(x1, x2, hyperparam):
    K = np.empty((len(x1), len(x2)))
    for i in range(len(x1)):
      for j in range(len(x2)):
        K[i,j] = kernel_func(x1[i], x2[j], i, j, hyperparam)
    return K
```

さらに，訓練データの生成とハイパーパラメータの学習は次のコードで実装できる（ハイパーパラメータの学習については4.3節を参照）．

[*2] (4.2.6) のように，カーネル関数kに$\Delta(x_i, x_j)\sigma_n^2$という項を加えることで，(4.2.3) における$\eta^{-1}I$をカーネル関数に含めてしまうことができる．このとき，σ_nも含めてハイパーパラメータを最適化（学習）することは，ノイズεの分散パラメータであるηが未知の場合にηも合わせて予測することに相当する．

リスト 4.5 訓練データの生成

```
n = 4
x_data = 6*np.random.rand(n) - 3
z_data = true_func(x_data) + np.random.normal(0, 0.1, n)
```

リスト 4.6 ハイパーパラメータの学習

```
!pip install GPy
import GPy

kernel = GPy.kern.RBF(1)
model = GPy.models.GPRegression(x_data.reshape(-1, 1), \
                z_data.reshape(-1, 1), kernel=kernel)

hparam_priors = 3*[None]
hparam_priors[0] = GPy.priors.Gaussian(mu=0, sigma=1)
hparam_priors[1] = GPy.priors.Gaussian(mu=0, sigma=1)
hparam_priors[2] = GPy.priors.Gaussian(mu=0, sigma=0.001)
param_name = model.parameter_names()
for i in range(3):
  hparam_priors[i].domain = "positive"
  model[param_name[i]].set_prior(hparam_priors[i])

model.optimize(messages=False, optimizer='scg', max_iters=1e5)
```

以上の設定の下で，ガウス過程回帰による $z(x_*)$ の平均と分散の計算，および描画は以下のコードで実行できる．

リスト 4.7 $z(x_*)$ の平均と分散の計算と描画

```
sigma_f = np.sqrt(model.rbf.variance[0])
q = model.rbf.lengthscale[0]
sigma_n = np.sqrt(model.Gaussian_noise.variance[0])
hyperparam = [sigma_f, q, sigma_n]

x, x_data = x.reshape(-1, 1), x_data.reshape(-1, 1)
K_ss = kernel_matrix(x, x, hyperparam)
```

```
⑧ K = kernel_matrix(x_data, x_data, hyperparam)
⑨ invK = np.linalg.inv(K)
⑩ k_s = kernel_matrix(x, x_data, hyperparam)
⑪
⑫ c = invK @ z_data
⑬ z_mean = k_s @ c
⑭ z_var = K_ss - k_s @ invK @ k_s.T
⑮ z_stdv = np.sqrt(np.diag(z_var))
⑯
⑰ fig, ax = plt.subplots()
⑱ ax.plot(x, z_mean), ax.plot(x, y, ls='--')
⑲ ax.scatter(x_data, z_data, marker='+')
⑳ ax.fill_between(x.flatten(), (z_mean - 2*z_stdv).flatten(), \
㉑                 (z_mean + 2*z_stdv).flatten(), alpha=0.15)
㉒ plt.xlabel('$x$'), plt.ylabel('$z(x)$'), plt.show()
```

学習の結果として，訓練データ数が $n = 4, 8, 11, 15$ と増加する場合に対して，$[-3, 3]$ の範囲の各 x_* に対する $z(x_*)$ の予測分布の様子を**図 4.3** に示す．ただし，図中の破線がノイズを含まない関数 $y(x)$，'+' 印がノイズを含む訓練データ $\mathcal{D}$，実線がガウス過程回帰の予測平均 $\mu(x_*)$，網掛けの領域がガウス過程回帰の 95%信頼区間（予測平均 $\mu(x_*)$ から $\pm 2 \times \sigma(x_*)$ の区間）を表している．図 4.3 より，訓練データ数が増加するにつれて予測結果が良くなり，特に $n = 15$ の図 4.3 (d) ではデータがない右端を除いてほぼ全域で予測平均が $y(x)$ とおおよそ一致し，信頼区間の幅も狭くなっていることが確認できるだろう．

発展的な内容ではあるが，参考までに図 4.3 (a) で求めた予測分布を基に，与えられた $x_{n+1}, \ldots, x_{n+m}$ に対するベクトル $(z(x_{n+1}), \ldots, z(x_{n+m}))^\top$ を予測する状況を考えよう．(4.2.2), (4.2.3) より，これは平均 $\boldsymbol{\mu}$，共分散行列 Σ の多次元ガウス分布に従う確率ベクトルである．今，この分布に従って生成したベクトルを $(\tilde{z}(x_{n+1}), \ldots, \tilde{z}(x_{n+m}))^\top$ とし，$(x_{n+1}, \tilde{z}_{n+1}), \ldots, (x_{n+m}, \tilde{z}_{n+m})$ を線で連結したものが**図 4.4** の細い実線のうちの 1 本である．図 4.4 には細い実線がほかに 9 本描画されているが，それらも同様にして生成されたベクトルを基に描画している．これらのベクトルの生成と描画はリスト 4.8 のコードにより実行できる．ここでは，1 行目の `np.random.multivariate_normal` によ

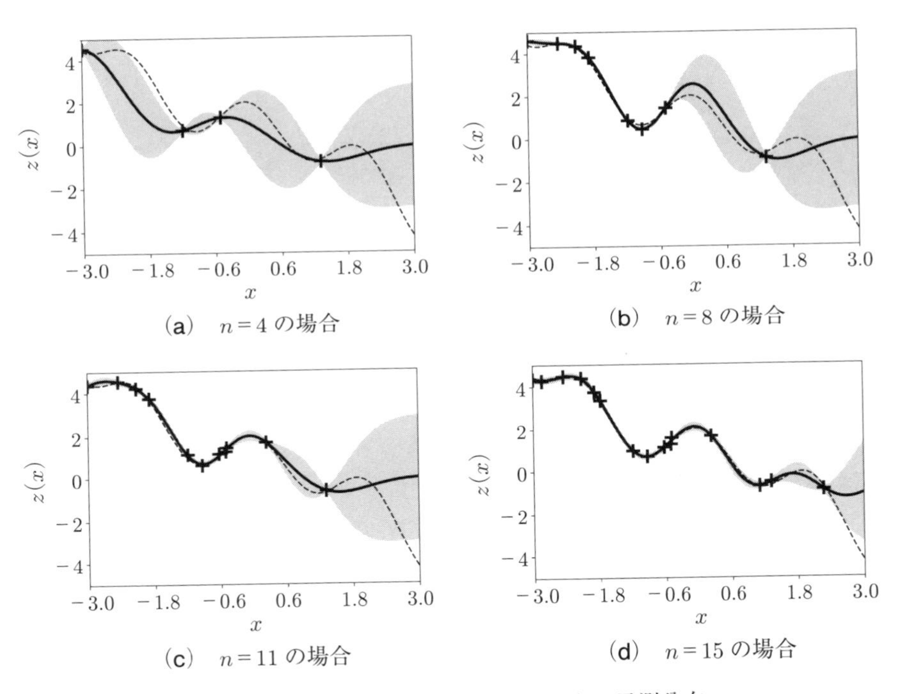

(a)　$n=4$ の場合　(b)　$n=8$ の場合

(c)　$n=11$ の場合　(d)　$n=15$ の場合

図 4.3：ガウス過程回帰による $z(x_*)$ の予測分布

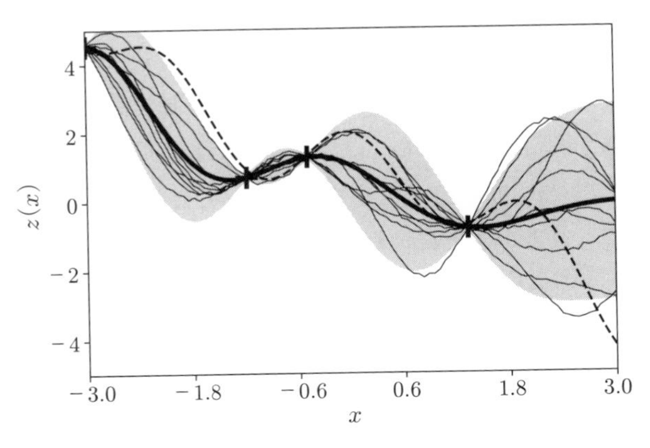

図 4.4：予測分布から生成した 10 個の関数

り多次元ガウス分布 $N(\boldsymbol{\mu}, \Sigma)$ に従うベクトルを生成している．

リスト 4.8　予測分布に従うベクトルの生成と描画

```
z_samples = np.random.multivariate_normal(z_mean, z_var, 10).T

fig, ax = plt.subplots()
ax.plot(x, z_mean), ax.plot(x, y, ls='--')
ax.plot(x, z_samples), ax.scatter(x_data, z_data, marker='+')
ax.fill_between(x.flatten(), (z_mean - 2*z_stdv).flatten(), \
                (z_mean + 2*z_stdv).flatten(), alpha=0.15)
plt.xlabel('$x$'), plt.ylabel('$z(x)$'), plt.show()
```

この細い実線の1本1本を関数とみなしてみよう．各 x に対応した関数の値がおおむね網掛けで示した95%信頼区間に収まっていることがわかるであろう．ガウス過程回帰は，(4.2.1) の関数 $\boldsymbol{z}$ がガウス過程に従うと考えて回帰を行う方法であった．これは，図4.4で例示したように生成した関数の中に求めたい関数 $\boldsymbol{z}$ があると考えることを意味するのである．また，ここでは $\boldsymbol{z}(\boldsymbol{x}_*)$ の予測分布として図4.3 (a) を仮定したが，データ数を増やすことで分散を減少させた図4.3 (d) を予測分布として用いた場合，生成される関数はどれも似たような関数になることが想像できるであろう．このように，ガウス過程回帰では入力データ $\boldsymbol{x}$ と観測値 $\tilde{\boldsymbol{z}}$ を基に関数を絞り込んでいくのである．

最後に，x_{n+1} に対して (4.2.4), (4.2.5) の $\mu(x_{n+1})$ と $\sigma^2(x_{n+1})$ を平均と分散とするガウス分布 $N(\mu, \sigma^2)$ から生成される乱数を改めて $\tilde{z}(x_{n+1})$ としよう．同様にして $\tilde{z}(x_{n+2}), \ldots, \tilde{z}(x_{n+m})$ をそれぞれ生成したとする．この場合，$(x_{n+1}, \tilde{z}_{n+1}), \ldots, (x_{n+m}, \tilde{z}_{n+m})$ を線で結合したとしても図4.4に示したような細い実線は得られないことに注意してほしい．これは，このようにして生成した $\tilde{z}(x_{n+1}), \ldots, \tilde{z}(x_{n+m})$ は多次元ガウス分布 $N(\boldsymbol{\mu}, \Sigma)$ には従わないからである．

実践 10　ガウス過程回帰による2変数関数予測

次に，以下の2変数関数による $\boldsymbol{x} = (x_1, x_2)^\top \in \mathbb{R}^2$ と $z \in \mathbb{R}$ の間の関係を

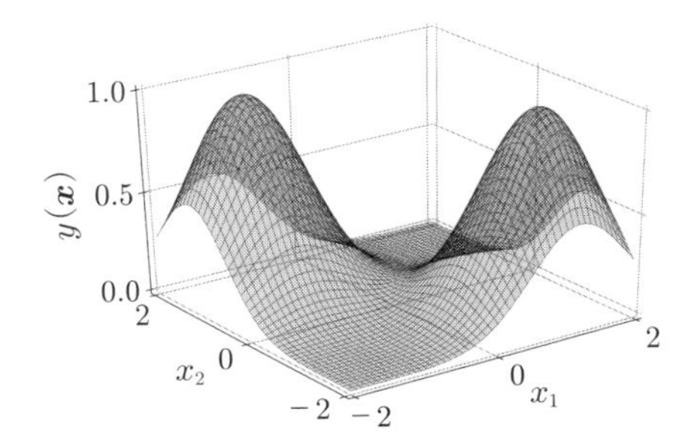

図 4.5：2 変数関数 $y(\boldsymbol{x})$

考えよう．

$$\begin{aligned} z(\boldsymbol{x}) &= y(\boldsymbol{x}) + \varepsilon \\ &= \exp\left(-\left\|\boldsymbol{x} - \begin{pmatrix} -1.2 \\ 1.2 \end{pmatrix}\right\|^2\right) + \exp\left(-\left\|\boldsymbol{x} - \begin{pmatrix} 1.2 \\ -1.2 \end{pmatrix}\right\|^2\right) + \varepsilon \end{aligned}$$

ただし，$\varepsilon \sim N(0, (0.01)^2)$ とする．これは，例えば，ある 2 次元平面領域の汚染度合いや人口密度などの分布をサンプル地点における計測値から予測することを想定している．また，光や熱など，計測する対象がその地点から広域に伝搬する場合の光源，熱源の探索にも使えるだろう．

ここでは，ノイズを含まない関数 $y(\boldsymbol{x})$ を**図 4.5** に曲面で表し，これと比較することで予測結果を評価する．今，$[-2,2] \times [-2,2]$ の範囲でランダムに生成された n 点の入力データ $\boldsymbol{x}_1, \ldots, \boldsymbol{x}_n$ とそれに対応する出力データ $\bar{z}_j(\boldsymbol{x}_j)$，すなわち訓練データ $\mathcal{D} = \{(\boldsymbol{x}_1, \bar{z}_1(\boldsymbol{x}_1)), \ldots, (\boldsymbol{x}_n, \bar{z}_n(\boldsymbol{x}_n))\}$ が与えられたとしよう．なお，$\boldsymbol{z}$ は

$$k(\boldsymbol{x}_i, \boldsymbol{x}_j) = \sigma_f^2 \exp\left(-\frac{1}{2}\langle Q^{-2}(\boldsymbol{x}_i - \boldsymbol{x}_j), \boldsymbol{x}_i - \boldsymbol{x}_j\rangle\right) + \Delta(\boldsymbol{x}_i, \boldsymbol{x}_j)\sigma_n^2,$$

$$Q = qI_2$$

により定められる共分散行列 $K = (k(\boldsymbol{x}_i, \boldsymbol{x}_j))$ に対して $\boldsymbol{z} \sim N(\boldsymbol{0}, K)$ が成り立つとする[*3]．ここでも，Δ は

$$\Delta(\boldsymbol{x}, \boldsymbol{y}) = \begin{cases} 1 & (\boldsymbol{x} = \boldsymbol{y}) \\ 0 & (\boldsymbol{x} \neq \boldsymbol{y}) \end{cases}$$

により定められるカーネル関数である.

1変数関数の予測のときと同様に, 以上の設定, ガウス過程回帰の実装, および予測分布の描画は以下のコードで実現できる. ただし, ここでは簡単のためにハイパーパラメータの学習は行わず, $\sigma_f = 0.2, q = 0.8, \sigma_n = 0.01$ としている.

リスト 4.9 2変数関数 y の定義

```
def true_func(x):
    y = np.exp(-np.sum((x - np.array([-1.2, 1.2]))**2,1)) \
        + np.exp(-np.sum((x - np.array([1.2, -1.2]))**2,1))
    return y

x1 = x2 = np.linspace(-2, 2, 50)
X1, X2 = np.meshgrid(x1, x2)
x1x2 = np.c_[np.ravel(X1), np.ravel(X2)]
y = true_func(x1x2)
```

リスト 4.10 訓練データの生成

```
n = 10
x1_data = 4*np.random.rand(40)[0:n] - 2
x2_data = 4*np.random.rand(40)[0:n] - 2
x1x2_data = np.vstack([x1_data, x2_data]).T
z_data = true_func(x1x2_data) + np.random.normal(0, 0.01, n)
```

リスト 4.11 $z(\boldsymbol{x}_*)$ の平均と分散の計算

```
hyperparam = [0.2, 0.8, 0.01]
K = kernel_matrix(x1x2_data, x1x2_data, hyperparam)
```

*3 行列 Q として任意の正定値行列を用いることができるが, 複雑な構造の使用はハイパーパラメータの数の増大につながることに注意しなければならない.

```
③ invK = np.linalg.inv(K)
④ K_ss = kernel_matrix(x1x2, x1x2, hyperparam)
⑤ k_s = kernel_matrix(x1x2, x1x2_data, hyperparam)
⑥
⑦ c = invK @ z_data
⑧ z_mean = k_s @ c
⑨ z_var = K_ss - k_s @ invK @ k_s.T
⑩ z_stdv = np.sqrt(np.diag(z_var))
```

リスト 4.12 $z(\boldsymbol{x}_*)$ **の平均と分散の描画**

```
① fig = plt.figure()
② ax = plt.axes(projection="3d")
③ surf = ax.plot_surface(X1, X2, z_mean.reshape(50, 50))
④ ax.scatter(x1_data, x2_data, z_data, marker='+')
⑤ ax.set_xlabel('$x_1$'), ax.set_ylabel('$x_2$')
⑥ ax.set_zlabel('$\mu(\mathbf{x})$')
⑦ ax.view_init(azim=235), plt.show()
⑧
⑨ fig = plt.figure()
⑩ ax = plt.axes(projection="3d")
⑪ surf = ax.plot_surface(X1, X2, z_stdv.reshape(50, 50)**2)
⑫ ax.scatter(x1_data, x2_data, 0, marker='+')
⑬ ax.set_xlabel('$x_1$'), ax.set_ylabel('$x_2$')
⑭ ax.set_zlabel('$\sigma^2(\mathbf{x})$')
⑮ ax.view_init(azim=235), plt.show()
```

訓練データ数が $n = 10, 25, 40$ と増加する場合に対して，$[-2, 2] \times [-2, 2]$ の範囲の各 $\boldsymbol{x}_*$ に対する $z(\boldsymbol{x}_*)$ の予測分布を**図 4.6** に示す．ただし，図 4.6 (a), (c), (e)，および図 4.6 (b), (d), (f) の曲面は，それぞれガウス過程回帰により得られた予測平均 $\mu(\boldsymbol{x}_*)$，予測分散 $\sigma^2(\boldsymbol{x}_*)$ を表している．なお，図 4.6 (b), (d), (f) では，参考として訓練データが得られた $\boldsymbol{x}_j$ に対応して (x_1, x_2)–平面上に '+' 印をプロットしている．図 4.6 より，訓練データ数が増加するにつれて予測結果が良くなり，特に $n = 40$ の図 4.6 (e), (f) ではデータが疎な領域を除いて予測平均が図 4.5 に図示されている $y(\boldsymbol{x})$ とおおよそ一致し，分散も小さくなっていることが確認できるだろう．

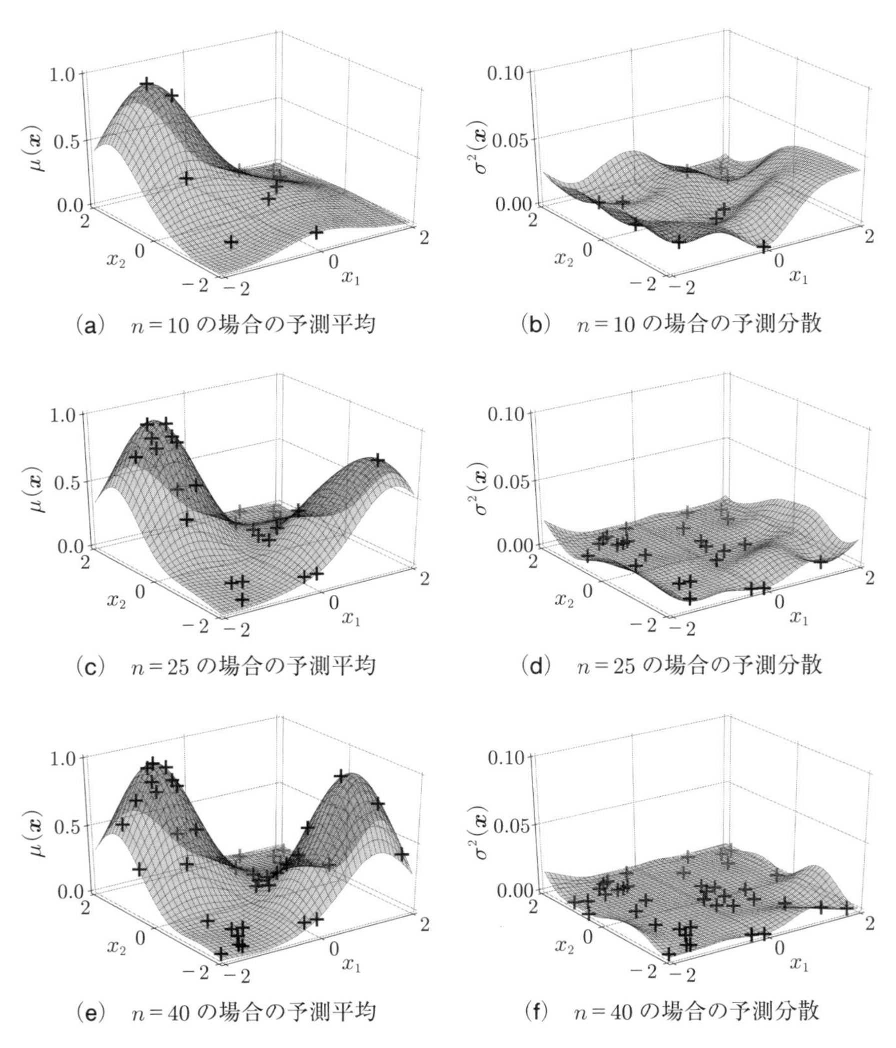

(a)　$n = 10$ の場合の予測平均

(b)　$n = 10$ の場合の予測分散

(c)　$n = 25$ の場合の予測平均

(d)　$n = 25$ の場合の予測分散

(e)　$n = 40$ の場合の予測平均

(f)　$n = 40$ の場合の予測分散

図 4.6：ガウス過程回帰による $z(\boldsymbol{x}_*)$ の予測分布

4.3　ハイパーパラメータの最適化

ここまでは，カーネル関数に含まれるハイパーパラメータについては特に言及していなかった．この章の最後に，ハイパーパラメータの設計（学習）方法についても簡単に触れておこう[*4]．改めて，入力データ $\mathcal{D}_x = \{\boldsymbol{x}_1, \ldots, \boldsymbol{x}_n\} \subset \mathbb{R}^d$ に対して出力データ $\bar{\boldsymbol{z}} = (z_1, \ldots, z_n)^\top \in \mathbb{R}^n$，すなわち訓練データ $\mathcal{D} = \{\mathcal{D}_x, \bar{\boldsymbol{z}}\}$ を観測したとし，$\bar{\boldsymbol{z}}$ を

$$\boldsymbol{z} = \boldsymbol{y} + \boldsymbol{\epsilon} \quad (\boldsymbol{\epsilon} \sim N(\boldsymbol{0}, \eta^{-1} I_n))$$

の形の関数で推定することを考えよう．なお，ここではカーネル関数の一例として

$$k(\boldsymbol{x}, \boldsymbol{y}) = \sigma_f^2 \exp\left(-\frac{1}{2}\langle Q^{-2}(\boldsymbol{x}-\boldsymbol{y}), \boldsymbol{x}-\boldsymbol{y}\rangle\right) + \Delta(\boldsymbol{x}, \boldsymbol{y})\sigma_n^2,$$

$$Q = \begin{pmatrix} q_1 & & 0 \\ & \ddots & \\ 0 & & q_d \end{pmatrix} \quad (\sigma_f, q_1, \ldots, q_d, \sigma_n > 0)$$

を考えるが，以降の議論はハイパーパラメータの数以外はカーネル関数の構造に依存しておらず，ほかのいずれのカーネル関数を考慮しても考え方は変わらないことを注意しておく．

上記のカーネル関数に対するハイパーパラメータをまとめて $\boldsymbol{\theta} = (\sigma_f, q_1, \ldots, q_d, \sigma_n)^\top \in \mathbb{R}^{d+2}$ と表現しよう．今，カーネル関数 k から成る共分散行列 K_n がパラメータ $\boldsymbol{\theta}$ に依存することを $K_n(\boldsymbol{\theta})$ という形で明示する．ガウス過程回帰では，$\boldsymbol{z}$ が従う分布の確率密度関数は

$$\begin{aligned} F(\boldsymbol{z} \mid \boldsymbol{\theta}) &= N(\boldsymbol{z}; \boldsymbol{0}, K_n(\boldsymbol{\theta})) \\ &= \frac{1}{(2\pi)^{\frac{n}{2}} (\det K_n(\boldsymbol{\theta}))^{\frac{1}{2}}} \exp\left(-\frac{1}{2}\langle K_n(\boldsymbol{\theta})^{-1}\boldsymbol{z}, \boldsymbol{z}\rangle\right) \end{aligned} \tag{4.3.1}$$

---

*4　ハイパーパラメータの設計方法の詳細については Barber [2]，ビショップ [4]，Rasmussen–Williams [14] などを参照されたい．

で与えられる(瀬戸–伊吹–畑中 [1] の 5.3 節, 111 ページを参照). ここで, $F(\boldsymbol{z} \mid \boldsymbol{\theta})$ の変数 $\boldsymbol{z}$ に $\bar{\boldsymbol{z}}$ を代入し, $F(\bar{\boldsymbol{z}} \mid \boldsymbol{\theta})$ を $\boldsymbol{\theta}$ の関数として扱う. このようにして得られた $\boldsymbol{\theta}$ の関数 $F(\bar{\boldsymbol{z}} \mid \boldsymbol{\theta})$ は**尤度関数**とよばれる. ここでの目的は, $\bar{\boldsymbol{z}}$ が実際に観測されたことを鑑みて, $F(\bar{\boldsymbol{z}} \mid \boldsymbol{\theta})$ を最大化する $\boldsymbol{\theta}$ を求めることである. すなわち, 次式で定式化される最適化問題の解 $\widehat{\boldsymbol{\theta}}$ を求める.

$$\widehat{\boldsymbol{\theta}} = \mathop{\arg\max}_{\boldsymbol{\theta} \in \mathbb{R}^{d+2}} F(\bar{\boldsymbol{z}} \mid \boldsymbol{\theta})$$

では, 具体的にハイパーパラメータ $\boldsymbol{\theta}$ を求めてみよう. (4.3.1) の構造に着目すると, 尤度関数 $F(\bar{\boldsymbol{z}} \mid \boldsymbol{\theta})$ を最大化する $\boldsymbol{\theta}$ を見つけるには両辺に自然対数をとると見通しが良くなる. すなわち,

$$\log F(\bar{\boldsymbol{z}} \mid \boldsymbol{\theta}) = -\frac{n}{2}\log(2\pi) - \frac{1}{2}\log(\det K_n(\boldsymbol{\theta})) - \frac{1}{2}\langle K_n(\boldsymbol{\theta})^{-1}\bar{\boldsymbol{z}}, \bar{\boldsymbol{z}}\rangle$$

の最大化を考えればよく, これは符号を反転させた以下の最適化問題と等価である.

$$\mathop{\arg\min}_{\boldsymbol{\theta} \in \mathbb{R}^{d+2}} \Big(\log(\det K_n(\boldsymbol{\theta})) + \langle K_n(\boldsymbol{\theta})^{-1}\bar{\boldsymbol{z}}, \bar{\boldsymbol{z}}\rangle\Big) \tag{4.3.2}$$

最適化問題 (4.3.2) は一般に非線形最適化問題となるが, このような制約をもたない非線形最適化問題は Scaled Conjugate Gradient (SCG) 法 (Møller [12]) や L-BFGS 法, Truncated Newton 法などの準ニュートン法 (福島 [8]) に代表される勾配法を適用して (近似的に) 解くことができる. 実際に, 行列の微分の性質から, 正定値行列 $K_n(\boldsymbol{\theta})$ の行列式の対数のパラメータ θ_j に関する偏微分は

$$\frac{\partial}{\partial \theta_j}\log(\det K_n(\boldsymbol{\theta})) = \mathrm{tr}\left(K_n(\boldsymbol{\theta})^{-1}\frac{\partial K_n(\boldsymbol{\theta})}{\partial \theta_j}\right)$$

で与えられ, 逆行列については

$$\frac{\partial}{\partial \theta_j}K_n(\boldsymbol{\theta})^{-1} = -K_n(\boldsymbol{\theta})^{-1}\frac{\partial K_n(\boldsymbol{\theta})}{\partial \theta_j}K_n(\boldsymbol{\theta})^{-1}$$

と計算できる. これらを用いると, 最適化問題 (4.3.2) の目的関数のパラメータ

θ_j に関する勾配は

$$\begin{aligned}
&\frac{\partial}{\partial\theta_j}\left(\log(\det K_n(\boldsymbol{\theta})) + \langle K_n(\boldsymbol{\theta})^{-1}\bar{\boldsymbol{z}}, \bar{\boldsymbol{z}}\rangle\right) \\
&= \mathrm{tr}\left(K_n(\boldsymbol{\theta})^{-1}\frac{\partial K_n(\boldsymbol{\theta})}{\partial\theta_j}\right) - \bar{\boldsymbol{z}}^\top K_n(\boldsymbol{\theta})^{-1}\frac{\partial K_n(\boldsymbol{\theta})}{\partial\theta_j}K_n(\boldsymbol{\theta})^{-1}\bar{\boldsymbol{z}} \\
&= \mathrm{tr}\left((K_n(\boldsymbol{\theta})^{-1} - K_n(\boldsymbol{\theta})^{-1}\bar{\boldsymbol{z}}\bar{\boldsymbol{z}}^\top K_n(\boldsymbol{\theta})^{-1})\frac{\partial K_n(\boldsymbol{\theta})}{\partial\theta_j}\right)
\end{aligned}$$

となる．`Python` の `GPy` ライブラリでは勾配法による最適化パッケージが用意されており，実際にリスト 4.6 では 17 行目で SCG 法を適用している．

以上，最適化問題 (4.3.2) を解くことで最適解 $\widehat{\boldsymbol{\theta}}$ を求めることができれば，訓練データ $\mathcal{D}$ に基づく尤度最大化という意味で，最適な $\boldsymbol{z}$ の条件付き確率分布が得られる．これにより，例えば訓練データにない入力点 $\boldsymbol{x}_*$ に対しても最も確からしい $\boldsymbol{z}(\boldsymbol{x}_*)$ の予測分布を求めることができるのである．

第II部

制御への応用

第 5 章 システム制御の基礎

第 II 部のはじめに，モバイルロボット[*1]の位置制御を題材にしてシステム制御の基礎を解説しよう．ロボットの運動を対象とする制御問題を考えた場合，位置や速度といった物理量（観測データ）に加えて，これまで触れてこなかった時間という概念も新たに考慮しなければならない．しかし，これらはひとたび観測してしまえばすべて数値データ（訓練データ）に落とし込まれ，これまでに述べてきた機械学習が制御分野にも応用できる．この章では，その基本的な考え方を説明しよう．

5.1 動的システム

モバイルロボットの直線 $\mathbb{R}$ 上の運動を力学の観点から考えよう（**図 5.1** (a) を参照）．ロボットの位置 $p \in \mathbb{R}$ は時間 $t \geq 0$ によって変化する．つまり，ロボットの位置 p は時間 t の関数 $p = p(t)$ であるといえる．このとき，$p(t)$ の時間に関する 1 階および 2 階の微分により，ロボットの時間 t における速度 $v(t) \in \mathbb{R}$,

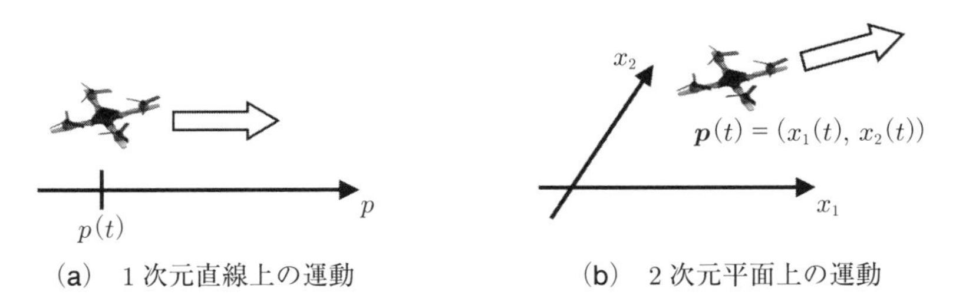

(a)　1 次元直線上の運動　　(b)　2 次元平面上の運動

図 5.1：モバイルロボットの運動

*1　本書では，ドローンやビークルなどの移動可能なロボットを**モバイルロボット**とよぶ．

加速度 $a(t) \in \mathbb{R}$ はそれぞれ次式で与えられる．

$$v(t) = \frac{\mathrm{d}p(t)}{\mathrm{d}t}, \quad a(t) = \frac{\mathrm{d}^2 p(t)}{\mathrm{d}t^2} \ \left(= \frac{\mathrm{d}v(t)}{\mathrm{d}t}\right)$$

以降，表記の簡単化のために，時間に関する微分 (d/dt) に対してドット‘·’を用いた表現，すなわち

$$v(t) = \dot{p}(t), \quad a(t) = \ddot{p}(t) \ (= \dot{v}(t))$$

を用いる．今，モバイルロボットの質量を $M > 0$，時間 t においてロボットに加わる外力を $\tau(t) \in \mathbb{R}$ と表現する．このとき，ニュートンの運動の第二法則より，加速度 a と外力 τ は次の等式を満足する．

$$Ma(t) = M\ddot{p}(t) = \tau(t) \tag{5.1.1}$$

この微分方程式は特に**運動方程式**とよばれる．

外力 τ を操作することでロボットの位置 p を制御することを考えよう．システム制御の分野では，操作する量（外力 τ）を**制御入力**，制御される量（位置 p）を**制御出力**とよぶ．このとき，外力と加速度という物理量の関係にすぎない (5.1.1) は，制御入力と制御出力の関係を表す等式とみなすことができる．制御入力と制御出力の関係は，(5.1.1) のように微分方程式を用いて記述されるのが一般的である．ただし，制御入力は外力 τ とは限らない．例えば，商用のモバイルロボットは，計算機やゲームコントローラから速度指令 $v_c \in \mathbb{R}$ を受け取り，その指令に沿って運動するようにあらかじめ設計されているものも少なくない．この場合には，速度指令 v_c を実際の速度 v と同一視することで，

$$\dot{p}(t) = v(t) \tag{5.1.2}$$

という方程式を制御入力 v と制御出力 p の関係，すなわち運動方程式とみなすこともできる．

制御入力と制御出力の関係 (5.1.1), (5.1.2) を要素と信号の流れとして図示したものがそれぞれ**図 5.2** (a), (b) であり，これらの図は**ブロック線図**とよばれる．図 5.2 において，制御入力 $v(t)$ と制御出力 $p(t)$ を関係付ける‘$\int$’と書かれ

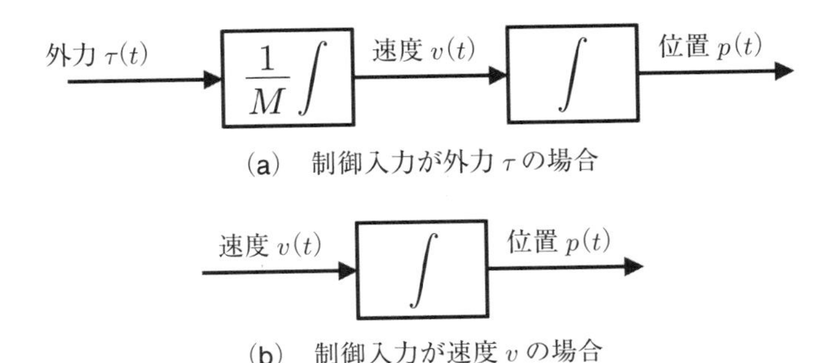

図 5.2：運動を表すブロック線図

たブロックは，信号（時間 t の関数）$v(t)$ を時間に関して積分する，すなわち

$$p(t) - p(0) = \int_0^t v(s)\mathrm{d}s$$

という処理を表している．この式から明らかな通り，現在時間の制御出力 $p(t)$ は現在時間の制御入力 $v(t)$ だけでなく v の過去の履歴にも依存する．このようなシステムを**動的システム**や**ダイナミカルシステム**とよぶ（**図 5.3** を参照）．また，ダイナミカルシステムの運動を記述する (5.1.1) や (5.1.2) のような等式を**ダイナミクス**とよぶ．

図 5.3：動的システムを表すブロック線図

2 次元平面 $\mathbb{R}^2$（3 次元空間 $\mathbb{R}^3$）上のモバイルロボットの運動を考える場合は，それぞれのベクトル表現 $\boldsymbol{p}(t), \boldsymbol{v}(t), \boldsymbol{a}(t), \boldsymbol{\tau}(t) \in \mathbb{R}^2$ ($\mathbb{R}^3$) を用いることで，1 次元の場合と同様に

$$M\boldsymbol{a}(t) = M\ddot{\boldsymbol{p}}(t) = \boldsymbol{\tau}(t)$$

または

$$\dot{\boldsymbol{p}}(t) = \boldsymbol{v}(t) \tag{5.1.3}$$

を位置ダイナミクスとして考えればよい（図 5.1 (b) を参照）.

本書では，次章以降の位置に関する制御問題において，(5.1.2) または (5.1.3) をロボットの位置ダイナミクスとして採用する．ここで，(5.1.2) および (5.1.3) は速度指令 v_c と実際の速度 v を同一視することで得られたことを思い出そう．これは，ロボットの速度 v が，こちらから与えた速度指令 v_c に瞬時に一致する理想的な状況を想定していることにほかならない．しかし，次節の冒頭で確認するように，現実には v_c と v の間には誤差が生じる．一方で，現実の現象を正確に数式として表現することは極めて難しく，ある程度の理想化は避けられない．このように，適切な理想化の下で数式を用いて現象を表現したものを**モデル**，モデルを求める作業を**モデリング**とよぶ.

5.2　制御の基礎

この節では，モバイルロボットの位置制御を通して，代表的な制御手法について紹介する.

フィードフォワード制御

まず，位置ダイナミクス (5.1.2) を詳しく考察しよう．前節の最後で述べた通り，速度指令 $v_c(t)$ と実際の速度 $v(t)$ の間には誤差が存在するはずである．その実例として，直接速度指令が可能な小型ドローン実験機を用いて，一定の速度指令 $v_c(t) = 1.0\,[\mathrm{m/s}]$ を入力したときの実際の速度 $v(t)\,[\mathrm{m/s}]$ の時間応答を**図 5.4** に実線で示そう．破線で示される速度指令値を完全には実現できていない，つまり $v_c(t) \neq v(t)$ であることが確認できるだろう.

そこで，**図 5.5** に示すように，$v_c(t)$ と $v(t)$ の間の誤差も動的システムとして考えてみよう．特に，図 5.4 の時間応答の波形から，ここでは $v_c(t)$ と $v(t)$ の関係が，あるパラメータ $\alpha, \beta > 0$ を用いて以下の動的システムで表せると仮定してみよう.

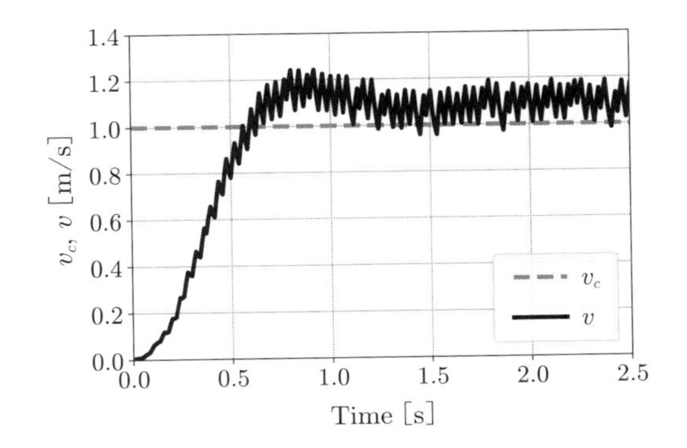

図 5.4：速度指令 $v_c(t)$ と実験で得られた速度 $v(t)$ の時間応答

図 5.5：動的システムとしての $v_c(t)$ と $v(t)$ の関係性の解釈

$$\alpha\dot{v}(t) + \beta v(t) = v_c(t) \tag{5.2.1}$$

これは，システム制御の分野では**1 次遅れ系**とよばれるシステムであり，**図 5.6** に数値シミュレーションによる応答の様子を示すように，$v(t)$ の時間応答は $v_c(t)$ よりも遅れる．なお，図 5.6 は以下のコードにより描画できる．

リスト 5.1　**1 次遅れ系の応答の描画**

```
import numpy as np, matplotlib.pyplot as plt, math
from scipy.integrate import odeint

def firstOrderSystem(x, t, k, vc):
    dxdt = -k*(x - vc)
    return dxdt

t = np.arange(0.0, 10, 0.01)
v0, vc = 0, 1
k = 1
```

```
⑪ v = odeint(firstOrderSystem, v0, t, args=(k, vc))
⑫
⑬ fig, ax = plt.subplots()
⑭ ax.plot(t, vc*np.ones(len(t)), ls='--'), ax.plot(t, v)
⑮ plt.xlabel('Time [s]'), plt.ylabel('$v_c, v$ [m/s]'), plt.show()
```

ここで，11 行目の odeint は常微分方程式の解を数値積分により近似的に求めるコマンドであり，このコマンドを用いるための宣言を 2 行目で行っている．

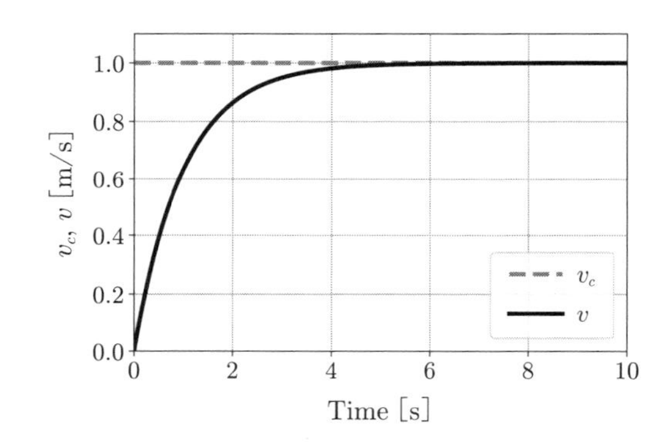

図 5.6：シミュレーションによる 1 次遅れ系の時間応答 ($\alpha = \beta = 1$, $v_c(t) = 1.0$ の場合)

以上，望ましい速度をそのまま指令 $v_c(t)$ としてシステムに入力しても理想状態 $v(t) = v_c(t)$ は実現できないのである．そこで，ここからは望ましい速度を $v_d(t) \in \mathbb{R}$ とし，$v(t) = v_d(t)$ となるように速度指令 $v_c(t)$ を設計することを考えよう．今，動的システム (5.2.1) におけるパラメータ α, β が完全にわかるとして，v_c を v_d と $\dot{v}_d$ から次式のように決定する．

$$v_c(t) = \alpha \dot{v}_d(t) + \beta v_d(t) \tag{5.2.2}$$

(5.2.1) と (5.2.2) は，v と v_d が入れ換わっただけで，同じ形をしていることに注意しよう．ただし，図 5.5 で見たように (5.2.1) は v_c を入力，v を出力とみなしていたのに対して，(5.2.2) は v_d を入力として v_c を出力している．このように，入出力関係を逆転させた (5.2.2) は (5.2.1) の**逆システム**とよばれる

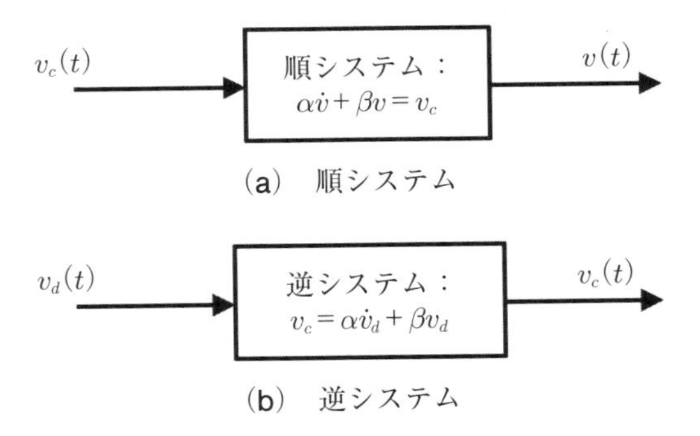

図 5.7：順システム (5.2.1) と逆システム (5.2.2)

(**図 5.7** を参照)．また，このとき元のシステム (5.2.1) を**順システム**とよぶ．

もし (5.2.2) が実現できれば，これを (5.2.1) に代入することで

$$\alpha\dot{v}(t) + \beta v(t) = \alpha\dot{v}_d(t) + \beta v_d(t) \tag{5.2.3}$$

が得られる．初期時間を $t = 0$ として，(5.2.3) を詳しく考察しよう．(5.2.3) は，もし望ましい速度の初期値 $v_d(0)$ と実際の速度の初期値 $v(0)$ が一致していれば，その後の時間 $t > 0$ においても $v_d(t)$ と $v(t)$ が完全に一致することを示している．また，初期値が一致していなくても，誤差を $e_v(t) = v(t) - v_d(t) \in \mathbb{R}$ と表現することにより，誤差に関する以下の動的システムが得られる．

$$\dot{e}_v(t) = -\frac{\beta}{\alpha}e_v(t)$$

これは時間に関する最も単純な 1 階の微分方程式であり，その解は時間についての関数として次式で与えられる．

$$e_v(t) = e_v(0)\exp\left(-\frac{\beta}{\alpha}t\right) \quad (t \geq 0)$$

これは，十分に時間が経過すれば $e_v(t) \approx 0$，すなわち $v(t) \approx v_d(t)$ が達成されることを示している．

以上のように，逆システムのモデルを通すことで，理想的な出力から入力を逆算する制御方法は**フィードフォワード制御**とよばれる（**図 5.8** を参照）．た

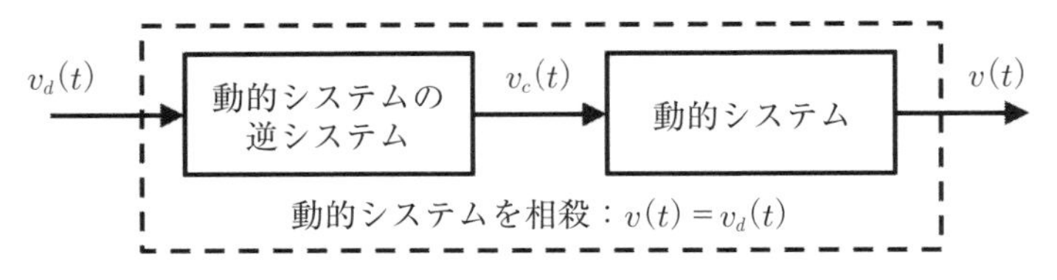

図 5.8：フィードフォワード制御

だし，この手法はモデルとして仮定した (5.2.1) に完全に依存することに注意する必要がある．また，(5.2.1) では v_c と v の間に線形な関係を仮定したが，例えこれが非線形な関係であったしても，機械学習によってそのモデルを近似的に得ることで，フィードフォワード制御を適用することができるのである．このことは 7.1 節の応用例で確認しよう．

一定目標値に対するフィードバック制御

次に，もう一つの代表的な制御手法であるフィードバック制御を紹介しよう．ここからは，具体的な制御問題として，ダイナミクス (5.1.1), (5.1.2) に対する位置制御問題を考える．まず，モバイルロボットの位置 $p(t)$ を一定目標値 $p_d \in \mathbb{R}$ に制御，保持する制御問題，すなわち

$$\lim_{t \to \infty} |p(t) - p_d| = 0 \tag{5.2.4}$$

という制御目標を考えよう．なお，以降の議論は次章以降でも用いる代表的な位置制御手法の紹介を目的としているため，(5.1.1) における外力 τ や (5.1.2) における所望の速度 v が直接入力可能 ($v_c(t) = v(t)$) であるという仮定の下で議論する．

はじめに，位置ダイナミクスとして速度を制御入力とした (5.1.2) から考えよう．制御目標 (5.2.4) を達成するために，目標値 p_d と実際の位置 $p(t)$ の誤差に基づく以下の制御を考える．

$$v(t) = k_p(p_d - p(t)) \quad (k_p > 0 \text{ は**制御ゲイン**とよばれる}) \tag{5.2.5}$$

このとき，制御 (5.2.5) を位置ダイナミクス (5.1.2) に代入したシステム

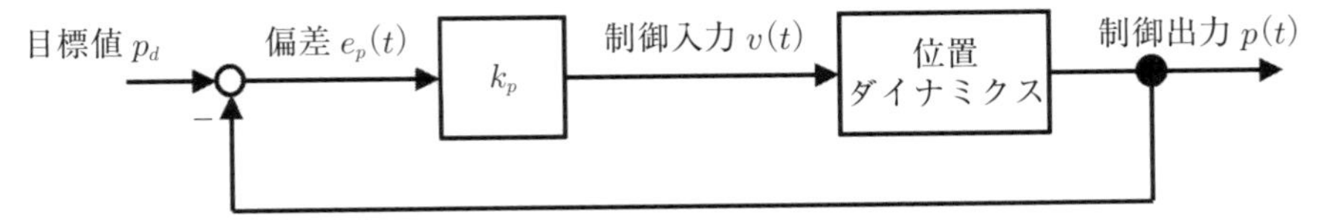

図 5.9：閉ループ系 (5.1.2), (5.2.5)

$$\dot{p}(t) = k_p(p_d - p(t)) \tag{5.2.6}$$

は，**図 5.9** に示すようにループを閉じた構造を有することから，**閉ループ系**とよばれる．また，(5.2.5) や図 5.9 のように目標値と制御出力の偏差を基に制御入力を決定する制御構造は**フィードバック制御**とよばれる．特に，(5.2.5) は制御偏差に比例する入力を適用することから比例制御または **P** (Proportional) **制御**とよばれる．

制御 (5.1.2) により制御目標 (5.2.4) が達成されることを示そう．まず，目標値 p_d と位置 $p(t)$ の偏差を $e_p(t) = p_d - p(t) \in \mathbb{R}$ と表現する．このとき，$\dot{e}_p(t) = -\dot{p}(t)$ が成立することから，これと閉ループ系 (5.2.6) より以下の制御偏差に関するダイナミクスが得られる．

$$\dot{e}_p(t) = -k_p e_p(t)$$

従って，初期時間を $t = 0$ とすると，この微分方程式の解は

$$e_p(t) = e_p(0)\exp(-k_p t) \quad (t \geq 0)$$

となる．この解はまさに制御目標 (5.2.4) の達成を示している．

以上，理想的にはダイナミクス (5.1.2) に対して P 制御 (5.2.5) を適用すれば十分に見える．しかし，ダイナミクス (5.1.2) は一定の理想化の下で得られたモデルであり，考慮できていない要素が多分に存在する．また，前述の通り，実際は望ましい速度の完全なる実現自体も困難である．そこで，これらの影響下でも良好な制御性能を得ることを目的として，以下の偏差の積分による定常外乱補償項，および微分による減衰項を加えた **PID** (Proportional–Integral–Derivative) **制御**とよばれる比例・積分・微分制御手法が適用されることが多い

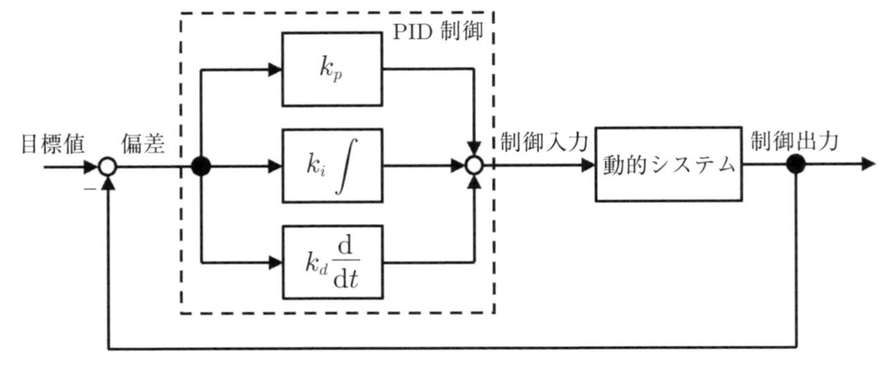

図 5.10：PID 制御

(**図 5.10** を参照)*2.

$$v(t) = k_p(p_d - p(t)) + k_i \int_0^t (p_d - p(s))\mathrm{d}s - k_d\dot{p}(t)$$

$$（k_p, k_i, k_d > 0 \text{ は制御ゲイン}） \qquad (5.2.7)$$

また，状況によっては積分項のみを追加した **PI** (Proportional–Integral) **制御**や微分項のみを加えた **PD** (Proportional–Derivative) **制御**で十分な場合もある．

他方，外力を制御入力としたダイナミクス (5.1.1) に対して制御目的 (5.2.4) を達成するには，その構造から少なくとも微分項を含む PD 制御

$$\tau(t) = k_p(p_d - p(t)) - k_d\dot{p}(t) \quad （k_p, k_d > 0 \text{ は制御ゲイン}） \qquad (5.2.8)$$

を適用する必要がある．PD 制御 (5.2.8) により制御目標 (5.2.4) が達成されることは，偏差に関するダイナミクス

$$M\ddot{e}_p(t) + k_d\dot{e}_p(t) + k_p e_p(t) = 0$$

*2　PID 制御 (5.2.7) における微分項 $\dot{p}(t)$ は数値的に実現するものであり，(5.1.2) 左辺の真の $\dot{p}(t)$ とは異なることに注意が必要である．

の解から明らかである[*3]. ただし, やはりこれも一定の理想化の下での議論であるため, 実際には積分項を加えたPID制御が採用されることも少なくない.

以上, 前述のフィードフォワード制御とは異なり, ここで紹介したフィードバック制御手法は動的システムの出力情報のみに基づいて構成されており, モデルの情報を利用していない. 次に, 両者を合わせた2自由度制御手法について紹介しよう.

時変目標値に対する2自由度制御

モバイルロボットの位置 $p(t)$ を時間によって変化する目標値 $p_d(t) \in \mathbb{R}$ に追従させる制御問題, すなわち

$$\lim_{t \to \infty} |p(t) - p_d(t)| = 0 \tag{5.2.9}$$

という制御目標を考えよう. この場合は, 例えば位置ダイナミクス (5.1.2) に対しては

$$v(t) = \dot{p}_d(t) + k_p(p_d(t) - p(t)) \tag{5.2.10}$$

や

$$v(t) = \dot{p}_d(t) + k_p(p_d(t) - p(t)) + k_i \int_0^t (p_d(s) - p(s))\mathrm{d}s + k_d(\dot{p}_d(t) - \dot{p}(t)) \tag{5.2.11}$$

を制御入力とすればよい. 実際に, 追従偏差を $e_p(t) = p_d(t) - p(t) \in \mathbb{R}$ と表現することで, 制御 (5.2.10) を位置ダイナミクス (5.1.2) に適用したときの追従偏差に関するダイナミクスが

$$\dot{e}_p(t) = -k_p e_p(t)$$

で与えられ, 制御目標 (5.2.9) の達成が示されるのである.

---

*3 $M, k_p, k_d > 0$ の値の相対関係により解に振動的な振る舞いの有無の違いが現れるが, いずれの場合も偏差 $e_p(t)$ は指数的に 0 に収束する.

ここで，一定目標値に対するフィードバック制御と比較して (5.2.10) や (5.2.11) に新たに現れた $\dot{p}_d(t)$ という項を考察しよう．今，理想的に $p(t) = p_d(t)$ が成り立っていると仮定する．このとき，(5.1.2) より，入力は $v(t) = \dot{p}_d(t)$ とならざるを得ない．つまり，$v(t) = \dot{p}_d(t)$ は理想的な出力 $p(t) = p_d(t)$ を実現する入力である．(5.2.10) や (5.2.11) における $\dot{p}_d(t)$ は，逆システムに理想的な出力 $p(t) = p_d(t)$ を入力することで得られる $\dot{p}_d(t)$ をフィードフォワード制御入力として加えているのである（**図 5.11** を参照）．

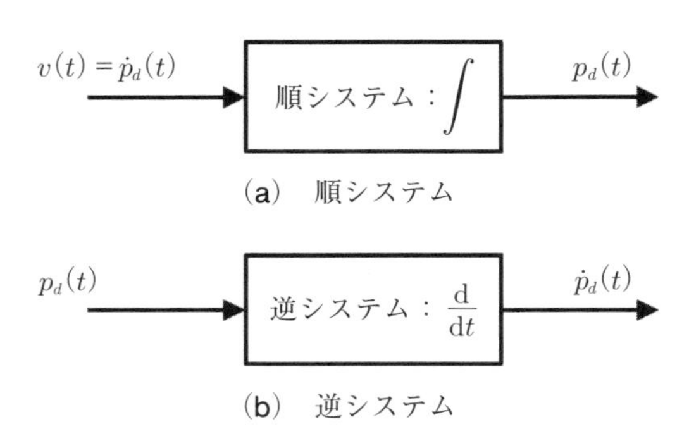

図 5.11：$\dot{p}_d(t)$ 項の逆システムとしての解釈

以上，制御 (5.2.10) や (5.2.11) はフィードフォワード制御とフィードバック制御の双方を同時に適用したものであり，このような制御手法のことを **2 自由度制御**という（**図 5.12** を参照）．ただし，逆モデルが出力する $\dot{p}_d(t)$ が直接与えられない状況も考えられる．このとき，説明変数*4として適当なものを仮定した上で $\dot{p}_d(t)$ を学習することができれば，学習がフィードフォワード制御の実装に寄与するであろう．このことは 7.2 節の応用例で確認しよう．

外乱が存在する場合の 2 自由度制御

最後に，システムに**外乱**が存在する場合についても触れておこう．ここでは，位置ダイナミクス (5.1.2) に外乱 $\delta(t) \in \mathbb{R}$ が存在する場合，すなわち

*4　機械学習の分野では，学習において求めたい（予測したい）変数に寄与する変数のことを**説明変数**とよぶ．

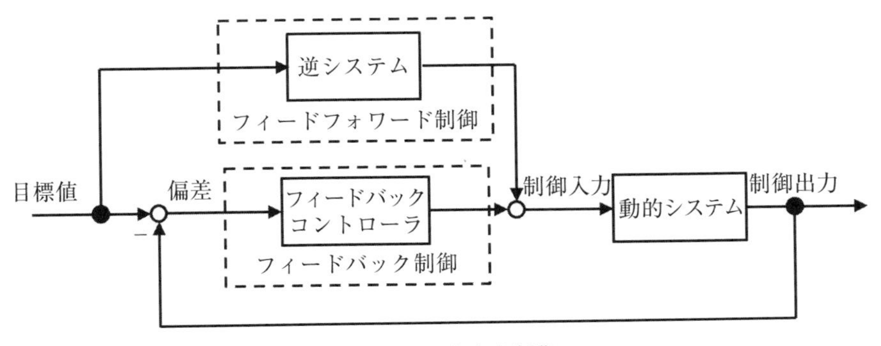

図 5.12：2 自由度制御

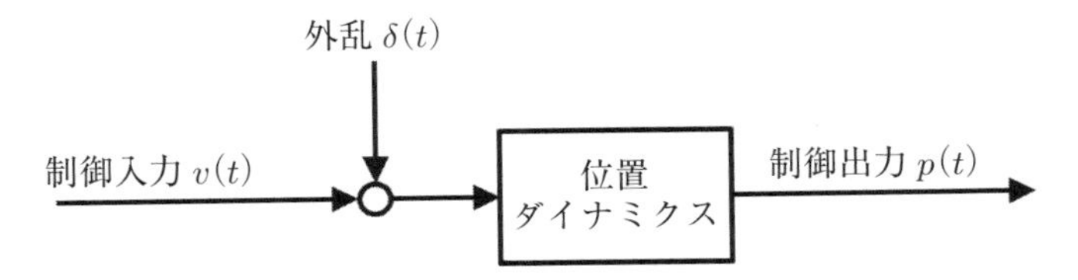

図 5.13：外乱が存在する場合

$$\dot{p}(t) = v(t) + \delta(t) \tag{5.2.12}$$

を考える（**図 5.13** を参照）．この δ は，空気抵抗や摩擦などの外部要因により生じる外乱と考えることもできるし，動的システムのモデリング誤差のような内部要因により生じるものを外部由来で生じた外乱として解釈することもできる．外乱が存在する場合には，(5.2.10) や (5.2.11) の右辺において $p(t)$ と $p_d(t)$ の間に偏差が生じるが，フィードバック制御はその影響を抑制するように機能する．これがフィードバック制御の最大の効用である．しかし，外乱の影響を完全に除去することは難しい．そこで別の手段を併用しよう．

今，外乱 δ が存在する位置ダイナミクス (5.2.12) に対して制御目標 (5.2.9) を達成したいとしよう．この場合に対する最も単純な制御手法として，もし外乱 $\delta(t)$ が完全に観測できるのであれば，(5.2.10) に外乱を除去する項を加えた以下の制御入力が考えられる．

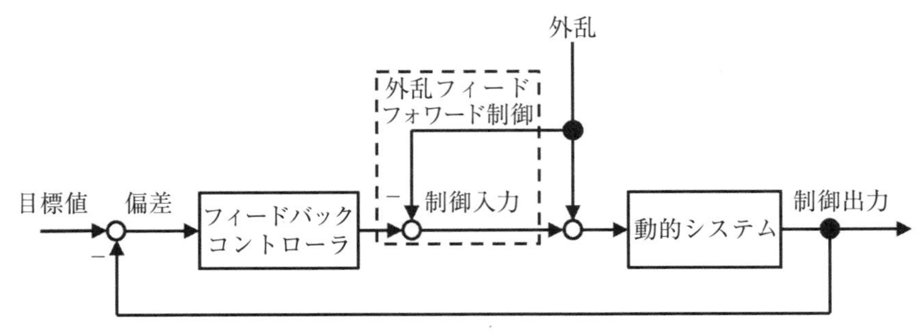

図 5.14：外乱フィードフォワード制御

$$v(t) = \dot{p}_d(t) + k_p(p_d(t) - p(t)) - \delta(t) \tag{5.2.13}$$

このように，フィードフォワード制御と同じ構造で外乱を抑制する制御手法のことを**外乱フィードフォワード制御**という（**図 5.14** を参照）．ただし，実際には外乱を完全に観測できる状況は稀である．この場合にも，適当な説明変数を仮定した上で δ を学習することができれば，外乱フィードフォワード制御が利用できるであろう．このことは 7.1 節の応用例で確認しよう．

ほかにも様々な制御手法が提案，適用されているが，それらの紹介は，野波–水野 [13]，志水 [15]，杉江–藤田 [16] などの制御の専門書に譲ることとする．

5.3　シミュレーションと実験

この章における実践として，数値シミュレーション，およびシミュレーションとの比較検証としてドローン実験機を用いた実験結果を示そう．

実践 11　一定目標値へのフィードバック制御

まず，位置ダイナミクス (5.1.2) に対して一定目標値への制御を目標としたP制御 (5.2.5) を検証しよう．初期位置を $p(0) = 0.50\,[\mathrm{m}]$ とした位置ダイナミクス (5.1.2) に対して，目標値を $p_d = 1.50\,[\mathrm{m}]$，制御ゲインを $k_p = 0.4$ としたP制御 (5.2.5) を適用する．このシミュレーションの実行および結果を描画するコードは以下の通りである．

リスト 5.2 数値シミュレーションの実行と結果の描画（一定目標値）

```
t = np.arange(0.0, 15, 0.01)
p0, pd = 0.5, 1.5
k = 0.4
p = odeint(firstOrderSystem, p0, t, args=(k, pd))

fig, ax = plt.subplots()
ax.plot(t, pd*np.ones(len(t)), ls='--'), ax.plot(t, p)
plt.xlabel('Time [s]'), plt.ylabel('$p$ [m]'), plt.show()
```

シミュレーションの結果を**図 5.15** (a) に示す．図中の実線が位置 $p(t)$ の時

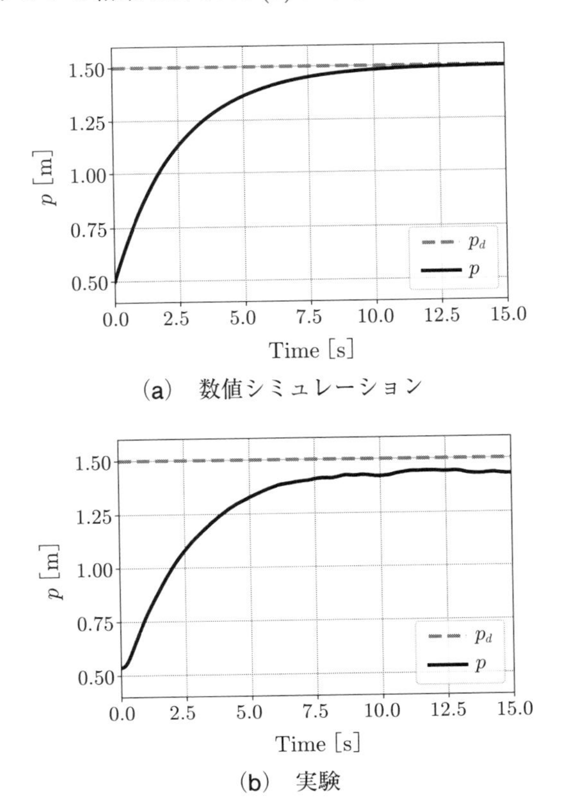

(a) 数値シミュレーション

(b) 実験

図 5.15：一定目標値へのフィードバック制御の検証

間応答を表しており，破線が目標値 p_d を示している．制御目標 (5.2.4) が実現されている様子がわかるだろう．また，シミュレーションとの比較対象として，ドローン実験機を用いた実験結果を図 5.15 (b) に示す．図 5.15 (a) と比較して，そこそこ良好な位置制御が実現できている一方で，定常的な偏差が残るなど，完全にはシミュレーション通りの応答が得られていないことが確認できる．実応用においては，対象のシステムモデルに基づいて制御系（制御方策）を設計するため，現実の対象とそのモデルの間の誤差は小さい方が望ましいのである．

実践 12　時変目標値への 2 自由度制御

次に，時変目標値への追従を目標とした 2 自由度制御 (5.2.10) を検証しよう．初期位置を $p(0) = 0.0\,[\mathrm{m}]$ とした位置ダイナミクス (5.1.2) に対して目標値を $p_d(t) = \sin((2\pi/5)t)\,[\mathrm{m}]$，制御ゲインを $k_p = 0.4$ とした 2 自由度制御 (5.2.10) を適用する．このシミュレーションの実行および結果を描画するコードは以下の通りである．

リスト 5.3　数値シミュレーションの実行と結果の描画（時変目標値）

```
def trackingSystem(p, t, k):
  dpdt = 2*np.pi/5*np.cos(2*np.pi/5*t) + k*(np.sin(2*np.pi/5*t) - p)
  return dpdt

t = np.arange(0.0, 15, 0.01)
p0, pd = 0.0, np.sin(2*np.pi/5*t)
k = 0.4
p = odeint(trackingSystem, p0, t, args=(k,))

fig, ax = plt.subplots()
ax.plot(t, pd), ax.plot(t, p)
plt.xlabel('Time [s]'), plt.ylabel('$p$ [m]'), plt.show()
```

シミュレーションの結果を**図 5.16** (a) に示す．初期偏差が 0 の状態から，目標値 $p_d(t)$ の逆システムの出力である $\dot{p}_d(t) = (2\pi/5)\cos((2\pi/5)t)\,[\mathrm{m/s}]$ を含む 2 自由度制御 (5.2.10) が適用されているため，初期時間から常に制御目標で

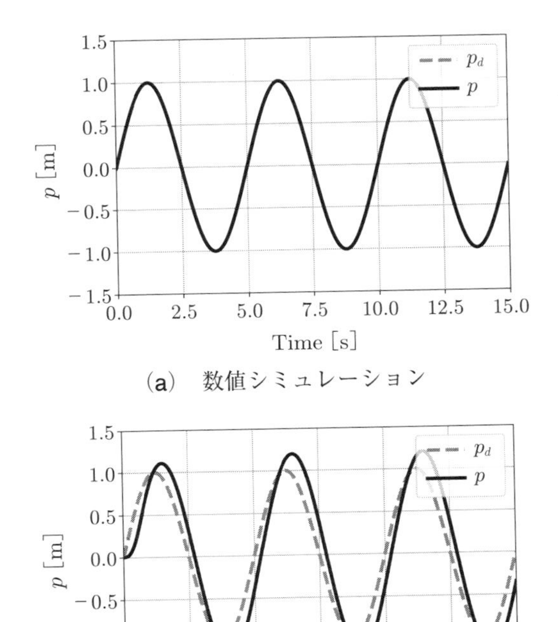

(a)　数値シミュレーション

(b)　実験

図 5.16：時変目標値への 2 自由度制御の検証

ある $|p(t) - p_d(t)| = 0$ が達成されていることが確認できる．これに対して，ドローン実験機を用いた実験結果を図 5.16 (b) に示す．図 5.16 (a) と比較して，おおよそ目標値に追従できている一方で，常に時間の遅れが生じていることがわかるだろう．これは特に目標位置の折り返し部分で顕著に現れており，結果としてドローンの位置が折り返し地点を大きく超えてしまっている．

以上，この章の最後でシミュレーション結果と実験結果の違いを確認した．6.1 節と 7.1 節では，この違いを図 5.5 に示した速度指令 v_c と実際の速度 v の間の動的システムによるものや図 5.13 に示した外乱によるものとして捉え，その学習，および学習結果に基づく制御について紹介しよう．さらに，目標値 p_d

のモデルが未知な場合に相当する学習に基づく制御応用例も 7.2 節で紹介しよう．なお，これまで見てきたように，本書で扱う機械学習における学習の対象は入出力関係であり，その関係性を用いて所望の情報（出力）が予測できる．このとき，どの情報を説明変数（入力データ）として選択するかが重要となる．以降の制御応用例では，問題設定に応じた推察からこの説明変数を選択していこう．また，以上の内容の学習以外にも，制御に関連した様々な事例における学習の有用性を次章以降で示そう．

第 6 章 応用 1：モデル学習

第 6 章と第 7 章では，実データを用いたカーネル法の実装例を紹介しよう．まず，この章ではモバイルロボット，人間，環境それぞれに対してカーネル法による実際の実験データを用いた学習を行ってみる．

6.1 カーネル回帰によるモデル学習

5.2 節の冒頭で紹介した速度指令と実際の速度の誤差を実データから学習してみよう．時間 $t \geq 0$ におけるモバイルロボットの位置を $p(t) \in \mathbb{R}$，速度指令を $v_c(t) \in \mathbb{R}$ とした位置ダイナミクス

$$\dot{p}(t) = v_c(t) \tag{6.1.1}$$

を考えたいところだが，これは理想的なモデルにすぎない．実際には，図 5.4 に示したように $\dot{p}(t)$ $(= v(t))$ と $v_c(t)$ の間にずれが存在する．そこで，速度指令 v_c と実際の速度 $\dot{p}$ との誤差を $\delta(t) = \dot{p}(t) - v_c(t) \in \mathbb{R}$ と定義しよう．すなわち，位置ダイナミクスとして (6.1.1) ではなく

$$\dot{p}(t) = v_c(t) + \delta(t)$$

を考え，実験データから δ を学習することを試みるのである．以上のことは，**図 6.1** で示す部分を学習することを念頭においている．

実践 13　一定目標値への制御における動的システムの学習

まず，一定目標値への制御実験の結果から δ を学習してみよう．速度指令 v_c が P 制御 (5.2.5) で与えられることから，最も簡単なモデル（関数）として $\delta(p)$，

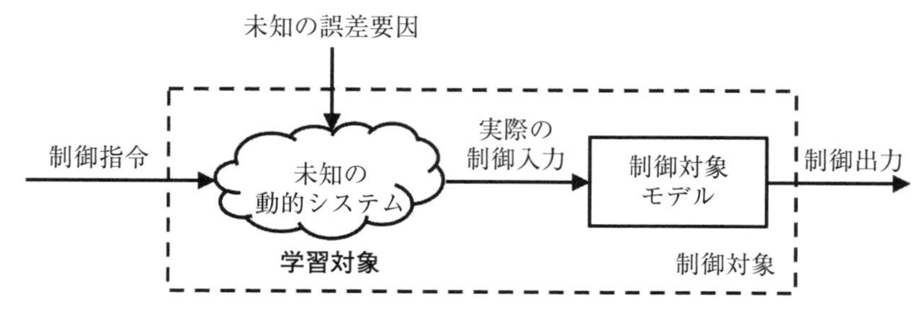

図 6.1：動的システムの学習

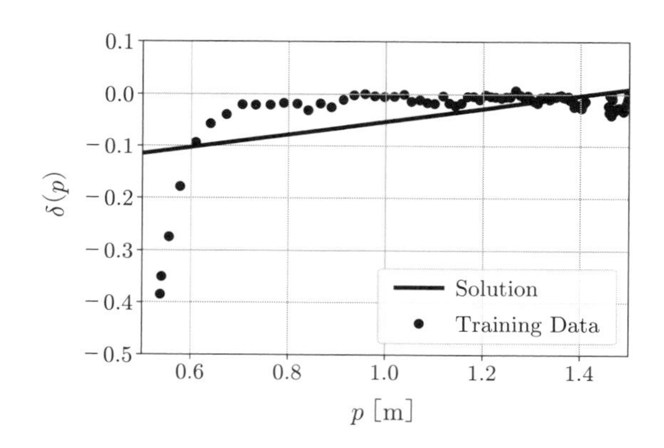

図 6.2：単回帰による $\delta(p)$ の学習

すなわち誤差が位置 p のみに依存する状況を考えてみる．学習に用いる訓練データは図 5.15 (b) で与えられたデータを間引いたものと追加実験によるデータを利用する[*1]．具体的なデータの取得方法として，まずモーションキャプチャカメラシステムにより 10 ミリ秒ごとに 15 秒間観測されたドローン実験機の位置データ $p(t_k)$ を計測する．この位置データを用いて，速度データ $\dot{p}(t_k)$ および制御指令 $v_c(t_k)$ を計算し，$\delta(p(t_k))$ を求める．さらに，これらを適当な間隔で間引くことで，**図 6.2** に '●' 印で示す 87 組のデータを得た．まずは学習後の重み係数のことは考慮せずに，得られた 87 組の訓練データを用いて回帰を行って

[*1] ここでは手動で間引きしているが，K-means アルゴリズムに代表される様々なデータの間引き方法が提案されている．詳細はビショップ [4] を参照されたい．

みよう．

はじめに，$\delta(p)$ を表す関数として 1 次関数

$$\delta(p) = c_1 p + c_0 \quad (c_0, c_1 \in \mathbb{R})$$

を用いた単回帰を適用する．これは以下のコードで実行可能であり，その結果を図 6.2 に実線で示す．データをインポートするコマンドは pd.read_csv であり，このコマンドを使用するための宣言を 2 行目で行っている．

リスト 6.1 訓練データのインポート

```
import matplotlib.pyplot as plt, numpy as np, math
import pandas as pd

imported_data = \
    pd.read_csv('http://www.rokakuho.co.jp/data/books/0172/chapter6.csv')
imported_data = imported_data.values
n = 87
x_data = imported_data[0:n, 1]
delta_data = imported_data[0:n, 2]
```

リスト 6.2 最適解の計算（単回帰）

```
X_data = np.stack((np.ones(n), x_data), 1)
c = np.linalg.pinv(X_data) @ delta_data
```

リスト 6.3 学習結果の描画（単回帰）

```
x = np.linspace(0.5, 1.5, 100)
delta_sol = c[1]*x + c[0]

fig, ax = plt.subplots()
ax.plot(x, delta_sol), ax.scatter(x_data, delta_data)
plt.xlabel('$p$ [m]'), plt.ylabel('$\delta(p)$'), plt.show()
```

$\delta(p(t_k))$ の $p(t_k)$ に対する関係は線形とは程遠いため，学習の手法として単回帰はふさわしくないことがわかるであろう．

そこで，カーネル法の出番である．まず，カーネル関数として多項式カーネル

$$k(x, y) = 1 + yx + \cdots + y^d x^d$$

を用いた多項式回帰を適用してみよう．これは，$\delta(p)$ を表す関数として

$$\delta(p) = a_0 + a_1 p + \cdots + a_d p^d \quad (a_0, \ldots, a_d \in \mathbb{R})$$

を採用することを意味する．この多項式回帰は以下のコードで実行可能である（カーネル関数と行列 K の定義はリスト3.2（3.1節）を流用するとよい）．

リスト6.4　最適解の計算（多項式回帰）

```
# リスト 3.2 のコードを記載せよ（ただし x1d = x2d = 1 と修正）

c = np.empty((len(x_data), 5))
delta_sol = np.empty((len(x), 5))
for d in range(2, 7):
  K = kernel_matrix(x_data, x_data, d)
  c[:, d-2] = np.linalg.pinv(K) @ delta_data
  kx = kernel_matrix(x, x_data, d)
  delta_sol[:, d-2] = kx @ c[:, d-2]
```

リスト6.5　学習結果の描画（多項式回帰）

```
fig, ax = plt.subplots()
ax.plot(x, delta_sol), ax.scatter(x_data, delta_data)
plt.xlabel('$p$ [m]'), plt.ylabel('$\delta(p)$'), plt.show()
```

$d = 2, 3, 4, 6$ のときの多項式回帰による学習結果を**図6.3**に示す．次数と各線との対応関係は図中の凡例を参照していただきたい．データ点の分布に沿う曲線が得られているという意味で，次数が大きくなるにつれて良好な学習がなされていることがわかるだろう．特に，$d = 6$ のときは $\delta(p)$ の学習の観点だけでいえばとても良好な結果が得られているといえる．

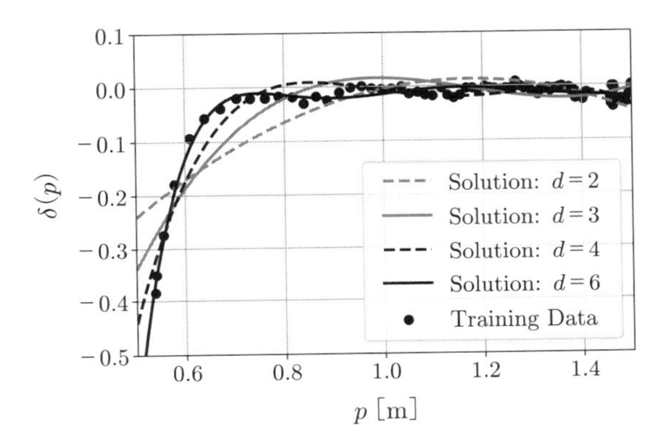

図 6.3：多項式回帰による $\delta(p)$ の学習

次に，ガウスカーネル

$$k(x, y) = \exp\bigl(-10(x - y)^2\bigr)$$

を用いたガウスカーネル回帰を適用してみよう．これは，(2.3.3) より $\delta(p)$ を表す関数として

$$\delta(p) = \sum_{j=1}^{87} c_j \exp\left(-10(p - p(t_j))^2\right) \quad (c_1, \ldots, c_{87} \in \mathbb{R}) \tag{6.1.2}$$

を採用することを意味する．このガウスカーネル回帰は以下のコードで実行できる．

リスト 6.6　最適解の計算（ガウスカーネル回帰）

```
# リスト 2.3 のコードを記載せよ（ただし gamma = 10 と修正）

x_data = x_data.reshape(-1, 1)
K = kernel_matrix(x_data, x_data)
c = np.linalg.pinv(K) @ delta_data
```

リスト 6.7　学習結果の描画（ガウスカーネル回帰）

```
x = x.reshape(-1, 1)
k_s = kernel_matrix(x, x_data)
delta_sol = k_s @ c

fig, ax = plt.subplots()
ax.plot(x, delta_sol), ax.scatter(x_data, delta_data)
plt.xlabel('$p$ [m]'), plt.ylabel('$\delta(p)$'), plt.show()
```

学習結果を**図 6.4** に実線で示す．図 6.4 より，ガウスカーネル回帰においても $\delta(p)$ の学習の観点だけでいえばとても良好な結果が得られているといえるだろう．

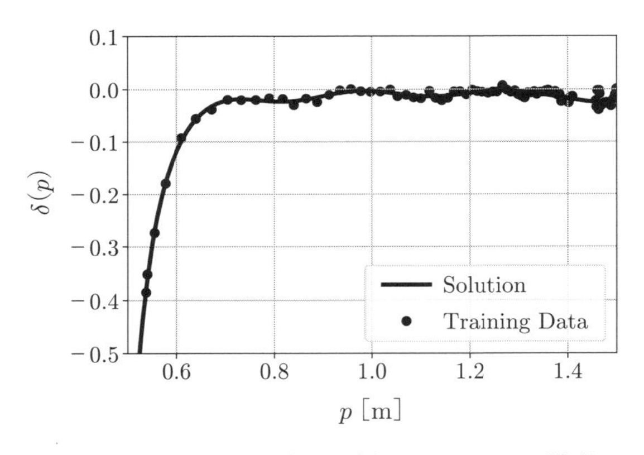

図 6.4：ガウスカーネル回帰による $\delta(p)$ の学習

しかし，以上の高次の多項式回帰，およびガウスカーネル回帰の予測結果には注意が必要である．まず，(6.1.2) に示すように，ガウスカーネルによるカーネル回帰の場合は予測結果が 87 個ものガウス関数の和で得られることに注意しなければならない．第 7 章の制御への応用例で紹介するように，学習結果をほかの用途で利用したい場合，特にそれをリアルタイムで利用する際に，各サンプリング時間でこの 87 個ものガウス関数の和を計算することが難しい場合もある．また，行列 $K = (k(p(t_i), p(t_j)))$ の次元はデータ数に依存し，データ数が大きくなると最適解 $\widehat{\boldsymbol{c}}$ の構成に必要な K^{-1} の計算が問題となる．特に，これらの計算時間の問題は機械学習の分野において典型的な課題であり，とりわけ制御へ応用する場合には，制御入力をリアルタイムで計算しなければならないためにその影響が顕著に現れ，実世界に望ましくない影響を与えるリスクがある．さらに，2.4 節でも見たように，そもそも K^{-1} が存在しなかったり，数値計算が不安定になることで $\widehat{\boldsymbol{c}}$ の値が極端に大きくなることにも注意を払わなければならない．実際に，$d = 6$ の場合の多項式回帰およびガウスカーネル回帰による学習後の重み係数 $\widehat{c}_j$ の大きさの最大値は，それぞれ 4.45×10^6, 1.04×10^{10} となってしまった．

そこで，2.4 節で紹介したリッジ回帰を適用してみよう．正則化のためのパラメータを $\alpha = 1.0 \times 10^{-7}$ としたリッジ回帰の結果が**図 6.5** である．図 6.3, 6.4 と比較して，学習の精度は悪化しているものの，$\widehat{c}_j$ の大きさの最大値はそれぞれ 53.4, 49.7 に抑えられた．

以上，まずは速度指令 v_c と実際の速度 $\dot{p}\ (= v)$ の間の動的システムのモデリングに対してカーネル法の有用性が確認できた．それと同時に，例えば学習結果を制御へ応用することを考えると，単に学習の精度が良好であればよいわけではなく，学習結果の扱いやすさも考慮しなければならないことを述べた．これが機械学習と制御を同時に考慮する上でのトレードオフであり，学習に基づく制御系設計のポイントとなる．ここで得られた学習結果の制御への応用例は 7.1 節で紹介しよう．

実践 14　時変目標値への制御における動的システムの学習

次に，時変目標値への追従制御実験の結果から δ を学習してみる．ここでも速度指令 v_c と実際の速度 $\dot{p}$ の間の誤差 $\delta = \dot{p} - v_c$ を学習することになるが，今回は制御構造をより深く見てみよう．具体的には，実践 12（5.3 節）で用いた 2 自由度制御 (5.2.10) が位置 p に加えて時間 t をパラメータとする目標値 $p_d(t)$ にも依存することに注意するのである．例えば，誤差 δ を位置 p のみに依存するように $\delta(p)$ と表現してしまうと，**図 6.6** に示す周期的な訓練データが得ら

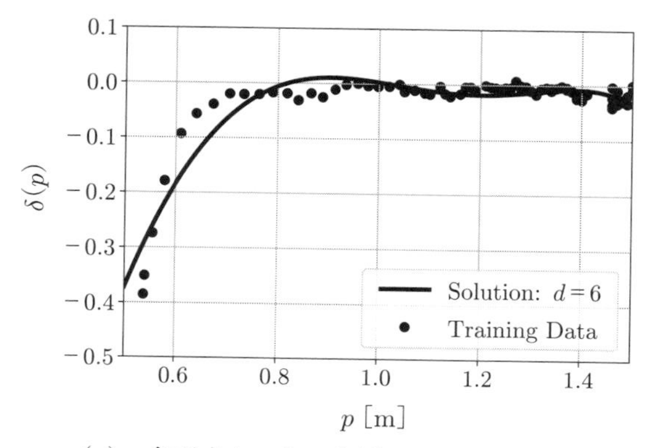

(a)　多項式カーネルを用いたリッジ回帰

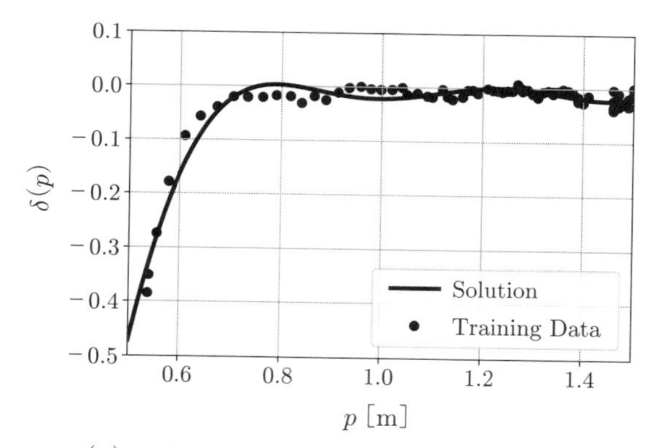

(b)　ガウスカーネルを用いたリッジ回帰

図 6.5：リッジ回帰による $\delta(p)$ の学習

れてしまう．図 6.6 より，制御開始時を除いた定常状態においても各位置 p に対して 2 種類の $\delta(p)$ が存在し，δ を表す関数として適切ではないことがわかるだろう．

以上のことから，時変目標値への追従制御実験における δ の学習には，位置に加えて時間や速度などの要素も考慮する必要があることが予想される．そこで，ここでは目標値 $p_d(t)$ が時間 t で与えられることを鑑みて，時間 t も学習の入力データとして採用してみよう．すなわち，誤差のモデルとして $\delta(p,t)$ とい

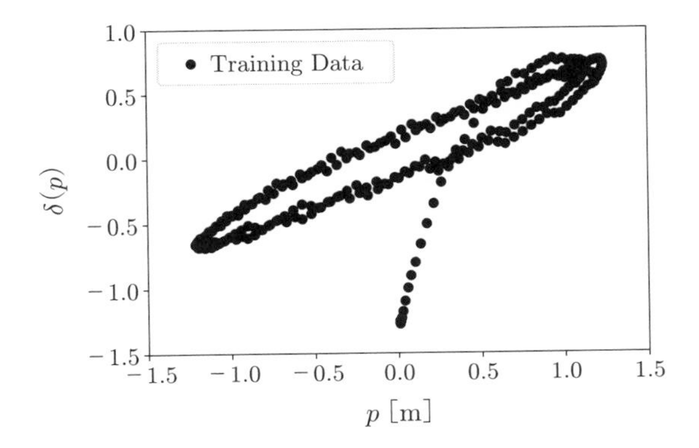

図 6.6：時変目標値への追従制御実験における位置のみに依存する訓練データ

う 2 変数関数を考えるのである．訓練データとして，図 5.16 (b) で得られたものから 372 組に間引いたデータを用いる．今回は特にリッジ回帰を適用する必要がなかったため，そのままカーネル回帰を適用する．

はじめに，$\delta(p,t)$ を表す関数として 1 次関数

$$\delta(p,t) = c_0 + c_1 p + c_2 t \quad (c_0, c_1, c_2 \in \mathbb{R})$$

を用いた重回帰の適用結果を見てみよう．これは以下のコードで実行可能であり，学習結果を**図 6.7** に平面で示す．

リスト 6.8　**訓練データのインポートと描画**

```
imported_data = \
    pd.read_csv('http://www.rokakuho.co.jp/data/books/0172/chapter6.csv')
imported_data = imported_data.values

n = 372
t = imported_data[0:n, 4]
x_data = imported_data[0:n, 5]
delta_data = imported_data[0:n, 6]

fig, ax = plt.subplots()
ax.scatter(x_data, delta_data)
plt.xlabel('$p$ [m]'), plt.ylabel('$\delta(p)$'), plt.show()
```

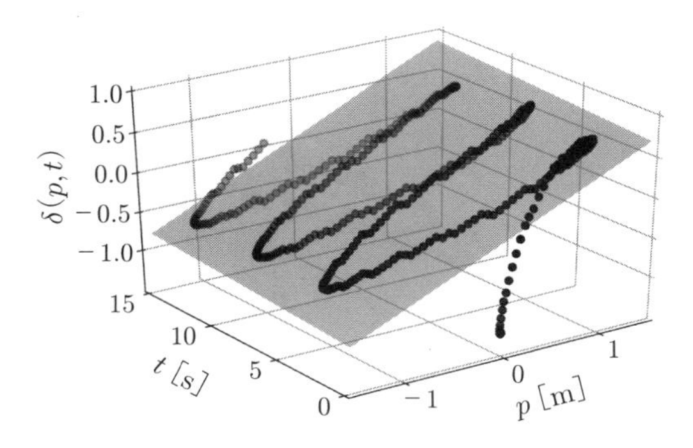

図 6.7：重回帰による $\delta(p,t)$ の学習

リスト 6.9　最適解の計算（重回帰）

```
X_data = np.stack((np.ones(n), x_data, t), 1)
c = np.linalg.pinv(X_data) @ delta_data
```

リスト 6.10　学習結果の描画（重回帰）

```
x1 = np.linspace(-1.5, 1.5, 100)
x2 = np.linspace(0, 15, 100)
X1, X2 = np.meshgrid(x1, x2)
X = np.c_[np.ravel(X1), np.ravel(X2)]
delta_sol = c[2]*X[:,1] + c[1]*X[:,0] + c[0]
Delta_sol = delta_sol.reshape(X1.shape)

fig = plt.figure()
ax = fig.add_subplot(projection='3d')
surf = ax.plot_surface(X1, X2, Delta_sol)
ax.scatter(x_data, t, delta_data)
ax.set_xlabel('$p$ [m]'), ax.set_ylabel('$t$ [s]')
ax.set_zlabel('$\delta(p,t)$')
ax.view_init(azim=235), plt.show()
```

今回はとても単純な目標値 $p_d(t) = \sin((2\pi/5)t)$ [m] への追従制御を考えているため，制御開始時を除けば重回帰でもとても良好な学習ができていることが確認できるだろう．

次に，例 2.1.2 (2.1 節) によるカーネル関数の生成方法を用いて，写像 $\Phi(x, y) = (1, x, y, \sin((2\pi/5)y))^\top \in \mathbb{R}^4$ の内積で構成される

$$k((x,y),(z,w)) = \langle \Phi(x,y), \Phi(z,w) \rangle$$
$$= 1 + xz + yw + \sin\left(\frac{2\pi}{5}y\right)\sin\left(\frac{2\pi}{5}w\right) \qquad (6.1.3)$$

をカーネル関数として採用した場合のカーネル回帰を適用してみる．このカーネル関数は，誤差を表す関数 δ が目標値と同じ角周波数 $2\pi/5$ [rad/s] に依存するという事前知識もしくは推測，および図 6.7 に示す訓練データの分布特性に基づいて設計した．このカーネル回帰は以下のコードで実行可能であり，学習結果を**図 6.8** に曲面で示す．

リスト 6.11 **最適解の計算（カーネル回帰）**

```
def kernel_func(x1, x2, hyperparam):
    phi1 = np.array([1, x1[0], x1[1], np.sin(hyperparam*x1[1])])
    phi2 = np.array([1, x2[0], x2[1], np.sin(hyperparam*x2[1])])
    return phi1 @ phi2

def kernel_matrix(x1, x2, hyperparam):
    K = np.empty((len(x1), len(x2)))
    for i in range(len(x1)):
      for j in range(len(x2)):
        K[i,j] = kernel_func(x1[i], x2[j], hyperparam)
    return K

XT_data = np.stack((x_data, t), 1)
hyperparam = 2*np.pi/5
K = kernel_matrix(XT_data, XT_data, hyperparam)
c = np.linalg.pinv(K) @ delta_data
```

リスト 6.12　学習結果の描画（カーネル回帰）

```
kx = kernel_matrix(X, XT_data, hyperparam)
Delta_sol = (kx @ c).reshape(X1.shape)

fig = plt.figure()
ax = fig.add_subplot(projection='3d')
surf = ax.plot_surface(X1, X2, Delta_sol, alpha=0.4)
ax.scatter(x_data, t, delta_data)
ax.set_xlabel('$p$ [m]'), ax.set_ylabel('$t$ [s]')
ax.set_zlabel('$\delta(p,t)$')
ax.view_init(elev=20, azim=190), plt.show()
```

図 6.8 より，期待通りに訓練データの特性を考慮した良好な学習結果が得られていることがわかるだろう．

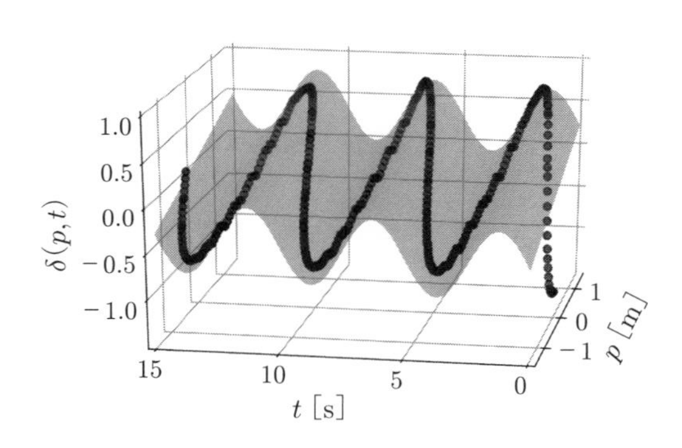

図 6.8：カーネル関数による $\delta(p,t)$ の学習

6.2　ガウス過程回帰によるモデル学習

この節では，図 5.10 の閉ループ系を多少一般化した，**図 6.9** (a) の閉ループ系を考えてみる．5.2 節では，制御入力を決定するシステムとして PID 制御という具体的なものが紹介されていた．他方，現実には人間が入力を決定するシステムとして加わる場面が多々存在し，自動車の運転はその代表例である．そこで，ここでは人間がモバイルロボットの速度入力 $v(t)$ を決定する状況を考え，

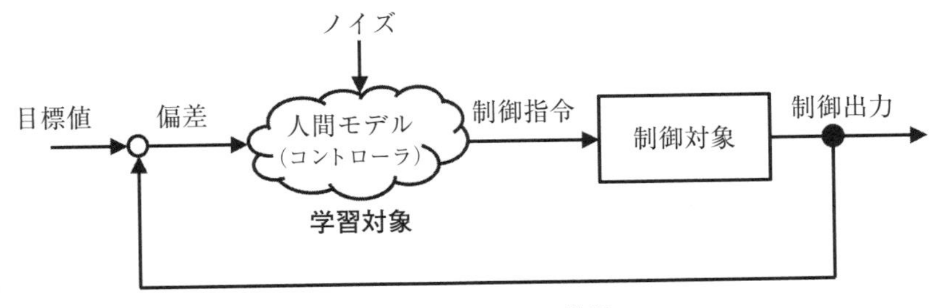

(a)　人間モデルの学習

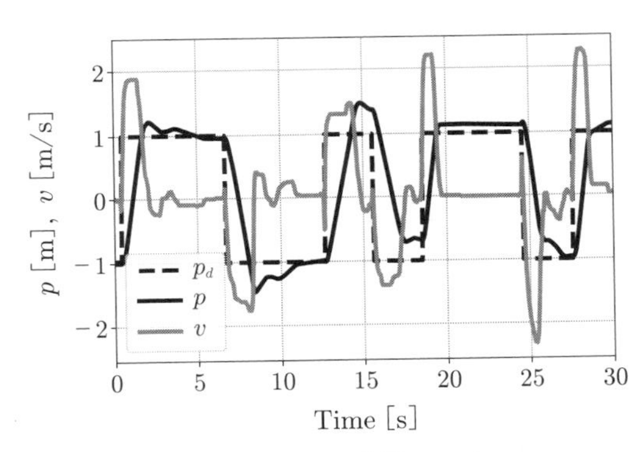

(b)　得られた実験データ

図 6.9：人間がシステムとして加わる閉ループ系

そのモデルをガウス過程回帰により学習する実践例を紹介しよう.

まず，5.1 節で導入した位置ダイナミクス (5.1.2) に従って運動するモバイルロボットとそれを操作する人間を考える．具体的な人間の役割として，与えられた目標位置 p_d とロボットの現在位置との偏差 $e_p(t) = p_d - p(t)$ を脳内で求め，この偏差を 0 にするように速度指令 $v(t)$ を決定するものとしよう．人間は現在の偏差のみを考慮して速度指令を決定していると考え，以下の手動制御モデルを仮定する.

$$v(t) = h(e_p(t)) + \varepsilon(t) \tag{6.2.1}$$

ここで，ε は平均0で未知の分散をもつガウス分布に従うノイズとする．手動制御モデル (6.2.1) における未知な関数 h をガウス過程回帰により学習してみよう．

実践15　ガウス過程回帰による人間の手動制御モデルの学習

データを取得するために，実際の人間が参加可能なシミュレータを構築した．このシミュレータでは，目標位置 p_d と位置ダイナミクス (5.1.2) に従うモバイルロボットの位置 $p(t)$ をモニタにより人間に提示し，その情報を基に人間が決定した $v(t)$ をマウスにより PC に入力できる*2．このシミュレータにより得られた実験データの一つを図6.9 (b) に示そう．図中の濃い実線がロボットの位置 $p(t)$，薄い実線が人間が決定した速度 $v(t)$ の時間応答を表しており，破線がロボットの目標位置を示している．ここでは，同じ試行を合計10回行って図6.9 (b) のようなデータを10組取得した．カーネル関数は

$$k(x,y)=\sigma_f^2\exp\left(-\frac{(x-y)^2}{2q^2}\right)+\Delta(x,y)\sigma_n^2 \tag{6.2.2}$$

を採用する．

図6.9 (b) は5回目の実験で得られた時系列データであり，これから入出力データを作成する．図6.9 (b) のデータを適当に間引くことで選んだ22点のデータ点から訓練データ $\mathcal{D}=\{(e(t_1),v(t_1)),\ldots,(e(t_{22}),v(t_{22}))\}$ を作成し，これを**図6.10** (a) に '+' 印で示す．実線がガウス過程回帰による関数 h の予測平均，網掛けの領域がガウス過程回帰の95% 信頼区間を表している．カーネル関数 (6.2.2) のハイパーパラメータ σ_f, q, σ_n はリスト4.6（4.2節）により学習され，結果はそれぞれ $\sigma_f=1.16$, $q=0.74$, $\sigma_n=0.63$ であった．ここで，実践9（4.2節）で述べたように，ハイパーパラメータ σ_n の学習はノイズ ε の未知の分散パラメータを予測することに相当していたことを思い出そう．$\sigma_n=0.63$ という学習結果から，人間の手動制御モデル (6.2.1) においてはノイズ ε の影響が大きそうである．この解釈として，人間の認識や行動が多分に

*2　このシミュレータの詳細は Hatanaka–Chopra–Yamauchi–Fujita [9] を参照されたい．

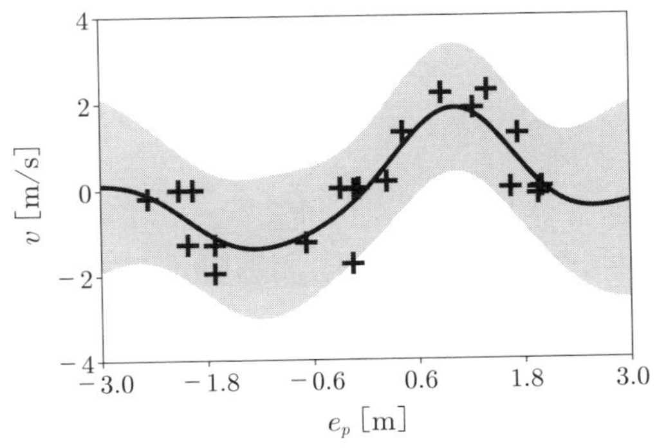

(a)　5 回目の実験データによる学習結果

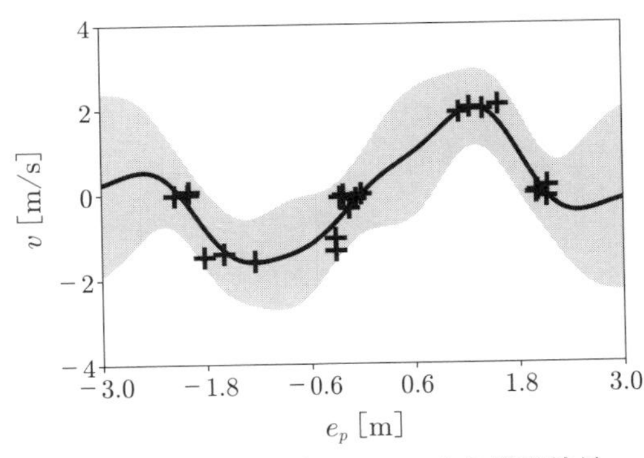

(b)　10 回目の実験データによる学習結果

図 6.10：学習した人間の手動制御モデル

不確かな要素を含むと考えることもできるであろう．

参考までに，10 回目の実験により得られたデータから同様にして人間の手動制御モデルを学習した結果を図 6.10 (b) に示す．ここで学習されたハイパーパラメータはそれぞれ $\sigma_f = 1.15$, $q = 0.50$, $\sigma_n = 0.36$ であった．図 6.10 (a) と比較して，ノイズの影響が小さくなっていることがわかるであろう．このことはハイパーパラメータの学習結果として σ_n が 0.63 から 0.36 に減少したことからも明らかである．これは人間が操作に慣れ，同じ動作を上手に繰り返すことができるようになった，すなわち修練を積んだことによる結果であるとも考えられるであろう*3.

なお，実践15におけるガウス過程回帰の実装および図6.10 (a), (b) の描画には4.2節で示したリストを用いている.

6.3　サポートベクトルマシンによる環境モデル学習

この章の最後に，外部環境の学習例も示しておこう．特に，ここではサポートベクトルマシンを用いてモバイルロボットが運動する平面上に存在する障害物の形状を学習することを試みる．モバイルロボットとして，それぞれ異なる角速度を指令値として指定できる二つの車輪を搭載する2輪車両型ロボットを用いる．このロボットの上部にはLight Detection And Ranging (LiDAR) センサが搭載されており，ロボットから360度全方位にある障害物との距離データを取得することができる．また，このロボットにはモーションキャプチャマーカーも搭載されており，実験フィールド内でのロボットの位置と姿勢も取得できる．**図6.11** にロボットと三つの障害物が置かれた実験フィールドを示す．ロボットを手動制御し，その際の障害物の情報をLiDARで取得する.

図6.12 (a) にロボットの軌跡を破線で示す．図中には軌跡の始点を '△' 印，終点を '◇' 印で表している．また，この運動の間に得られたLiDARセンサのデータを '○' 印で示す．以上のデータはロボットと障害物との間の距離データ，および実験フィールド内のロボットの位置と姿勢情報を用いて求めている．ノイズの影響も見られるが，おおむね障害物の表面上で距離データが取得できていることが確認できるであろう．この距離データの集合を $\mathcal{D}_x^-$ とする．さらに，各データ点からロボットの方向に $d_{\mathrm{lidar}} = 0.3\,[\mathrm{m}]$ だけ近づけた位置にデータ点を追加し，その集合を $\mathcal{D}_x^+$ とする．これらの訓練データ $\mathcal{D}_x = \mathcal{D}_x^+ \cup \mathcal{D}_x^-$ の取得の様子を図6.12 (b) に示す．図6.12 (b) の '×' 印，'○' 印がそれぞれ $\mathcal{D}_x^+$,

*3　Hatanaka–Noda–Yamauchi–Sokabe–Shimamoto–Fujita [10] では，同様にして人間の手動制御モデルがガウス過程回帰により学習されており，さらに学習したモデルを人間の手動制御のアシストに活用する制御アルゴリズムを提案している．興味があればそちらも参照されたい.

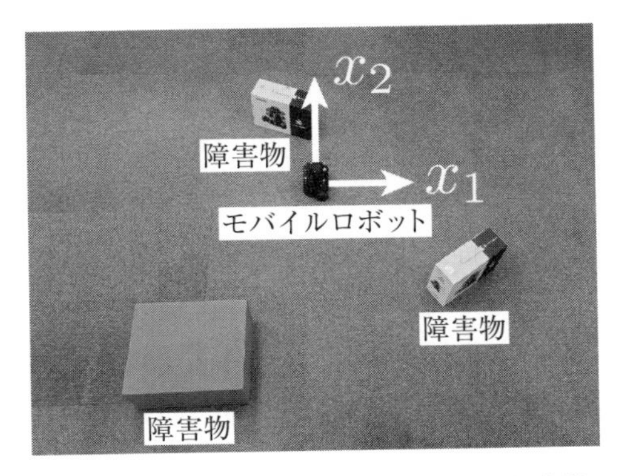

図 6.11：LiDAR を搭載したモバイルロボットと実験フィールド

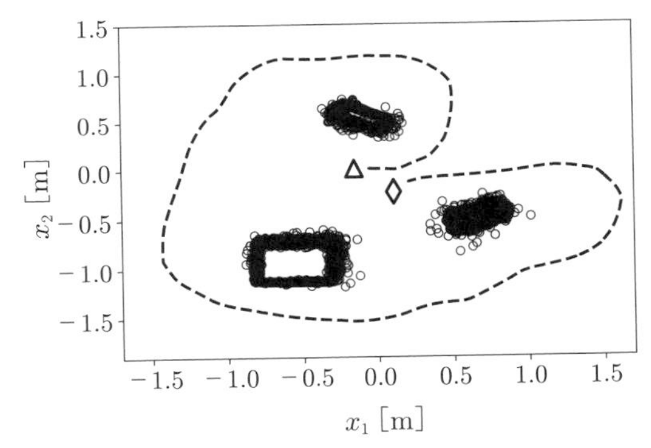

(a) ロボットの軌跡と 3688 点の距離データ

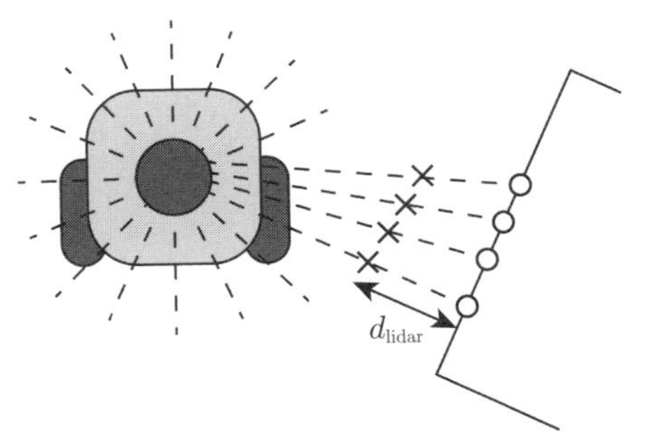

(b) $\mathcal{D}_x^+$ と $\mathcal{D}_x^-$ の生成方法

図 6.12：訓練データ $\mathcal{D}_x$ の生成方法

$\mathcal{D}_x^-$ のデータを表しており，符号 $\lambda_j \in \{+1, -1\}$ がラベル付けされている．

さらに，このままではデータ数が多すぎるため，$\mathcal{D}_x^+$ と $\mathcal{D}_x^-$ のそれぞれの要素数が60点となるようにデータを間引いた．学習に用いるデータ $\mathcal{D}_x^+$, $\mathcal{D}_x^-$ を**図6.13**(a)に示す．

実践16　ハードマージン法による障害物の学習

サポートベクトルマシンを実装することで障害物を学習してみよう．はじめに，ハードマージン法を適用する．図6.13(a)のデータ $\mathcal{D}_x^+$, $\mathcal{D}_x^-$ を実践7（3.1節）のように一つの楕円形で分類することはできないであろう．そこで，実践8（3.3節）と同様にしてガウスカーネルを用いて分類のための関数 f を求めてみる．

まず，以下のコードを実行することで実験で得られた訓練データをインポートできる．

リスト6.13　訓練データのインポート

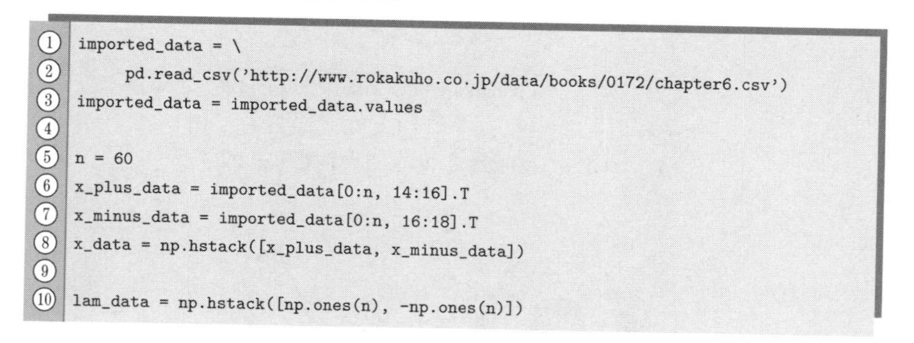

```
imported_data = \
    pd.read_csv('http://www.rokakuho.co.jp/data/books/0172/chapter6.csv')
imported_data = imported_data.values

n = 60
x_plus_data = imported_data[0:n, 14:16].T
x_minus_data = imported_data[0:n, 16:18].T
x_data = np.hstack([x_plus_data, x_minus_data])

lam_data = np.hstack([np.ones(n), -np.ones(n)])
```

得られたデータ $\mathcal{D}_x$ による関数 f の学習，および学習結果の描画は次のコードで実行できる．

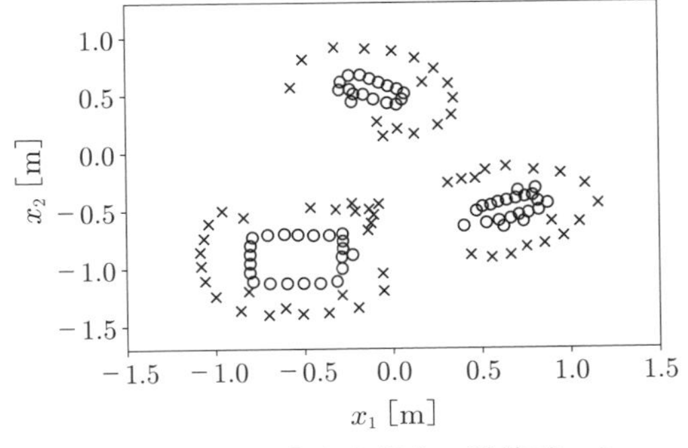

(a)　$d_{\mathrm{lidar}} = 0.3$ とした場合の訓練データ

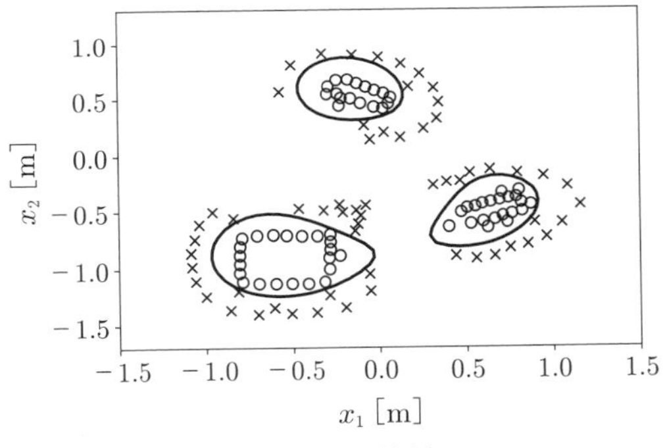

(b)　学習結果

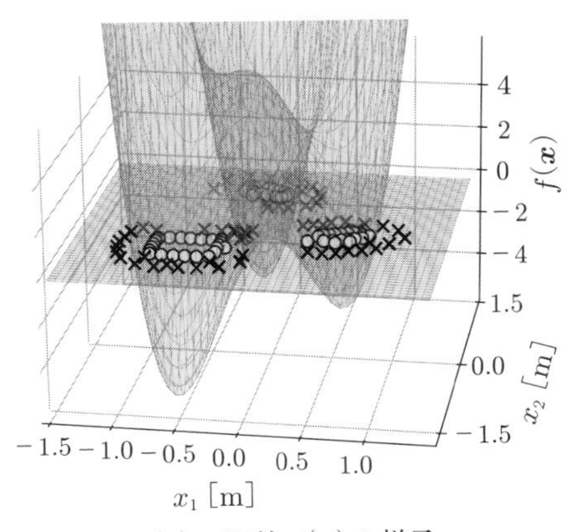

(c)　関数 $f(\boldsymbol{x})$ の様子

図 6.13：ハードマージン法

リスト 6.14　ハードマージン法

```
# リスト 2.3 のコードを記載せよ
import cvxpy as cp

c = cp.Variable(2*n)
v0 = cp.Variable(1)
K = kernel_matrix(x_data.T, x_data.T)
cons = [np.diag(lam_data) @ (K @ c + v0*np.ones(2*n)) >= np.ones(2*n)]
Kcost = cp.Parameter(shape=K.shape, value=K, PSD=True)
obj = cp.Minimize(cp.quad_form(c, Kcost))
P = cp.Problem(obj, cons)
P.solve(verbose=False)
```

リスト 6.15　学習結果の描画

```
x1, x2 = np.linspace(-1.5, 1.5, 50), np.linspace(-1.7, 1.3, 50)
X1, X2 = np.meshgrid(x1, x2)
X = np.c_[np.ravel(X1), np.ravel(X2)]
kx = kernel_matrix(X, x_data.T)
c, v0 = c.value, v0.value
f = kx @ c + v0

fig, ax = plt.subplots()
ax.scatter(x_plus_data[0], x_plus_data[1], marker='x')
ax.scatter(x_minus_data[0], x_minus_data[1], marker='o')
plt.contour(X1, X2, f.reshape(X1.shape), 0),
plt.xlabel('$x_1$ [m]'), plt.ylabel('$x_2$ [m]'), plt.show()
```

学習の結果を図 6.13 (b) に示す．3 箇所に分散した ‘○’ 印がすべて実線で表す境界 $f(\boldsymbol{x}) = 0$ で囲まれていることがわかるだろう．参考までに，図 6.13 (c) に関数 f の値を示そう．極小値が三つできており，$\mathcal{D}_x^+$ の点で囲まれる領域で $f(\boldsymbol{x}) < 0$ となり，その外側では $f(\boldsymbol{x}) > 0$ となっている．ガウスカーネルはこのように複雑な形状をもつ関数を生成することが可能であるため，今回のような複雑な分類問題にはカーネル関数の候補として適している．

実践 17 ソフトマージン法による障害物の学習

ここまでは，$d_{\mathrm{lidar}} = 0.3$ とすることでハードマージン法を適用できるように訓練データ $\mathcal{D}_x$ を生成していた．他方，データを生成する際に d_{lidar} を小さくしていくことで，より障害物に近い形状で境界 $f(\boldsymbol{x}) = 0$ を学習することが期待できる．しかし，その場合は距離データを取得する際のノイズの影響によりデータの分離が難しくなる状況が生じうる．例として，**図 6.14** (a) に $d_{\mathrm{lidar}} = 0.2$ とした際に生成される訓練データ $\mathcal{D}_x$ を示そう．それぞれのデータの集まりに着目すると，'×' 印が '○' 印の中に紛れ込んでしまっていることが確認できる．

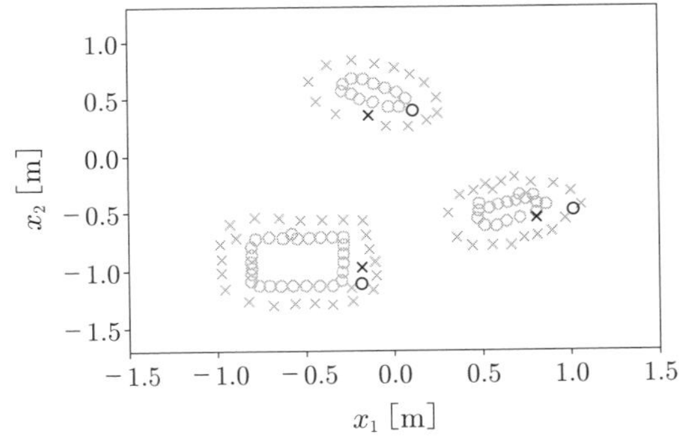

(a) $d_{\mathrm{lidar}} = 0.2$ とした場合の訓練データ

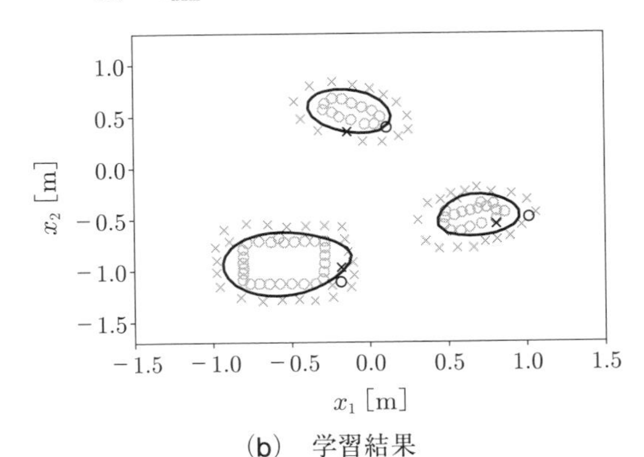

(b) 学習結果

図 6.14：ソフトマージン法

これらのデータ点が存在する状況に対して，無理やりハードマージン法を適用することは望ましくないであろう．そこで，次はソフトマージン法を適用してみよう．

ここで用いるデータ $\mathcal{D}_x$ はリスト 6.13 の 6 行目の `14:16` を `19:21` に，7 行目の `16:18` を `21:23` にそれぞれ変更することでインポートできる．関数 f の学習はリスト 3.6 とリスト 6.14 を参考にしていただきたい．なお，目的関数で用いるパラメータ β については試行錯誤によって適当な値を探し，ここでは $\beta = 1400$ とした．学習の結果を図 6.14 (b) に示す．$d_{\mathrm{lidar}} = 0.2$ としているため，実線で表される境界 $f(\boldsymbol{x}) = 0$ がより障害物に近い形状になっていることがわかるであろう．ただし，ここではソフトマージン法を適用したため，すべてのデータを適切に分類できているわけではないことに注意が必要である．パラメータ β の値を小さくしていくことで誤分類されるデータが増加していく様子は，実際にコードを変更することで確認していただきたい．

第 7 章 応用 2：学習に基づく制御

第 6 章ではカーネル法による実データを用いたモデルの学習手法を紹介した．続いて，この章では学習したモデルの制御への応用例を紹介しよう．ここでは，4 種類の学習に基づく制御を紹介し，**図 7.1** に示す順番で学習対象を考えていく．学習対象 (i)′ について，図 6.1 では制御指令と実際の制御入力の間の動的システムを制御対象に含めて考えたが，これはコントローラに含まれると解釈することもできるため，(i)′ と表現することとした．また，学習対象 (i)′ はすでに 6.2 節で人間の手動制御モデルの学習という形でも紹介している．これらの応用例を通して，制御だけでも様々な学習の対象があることが伝われば幸いである．

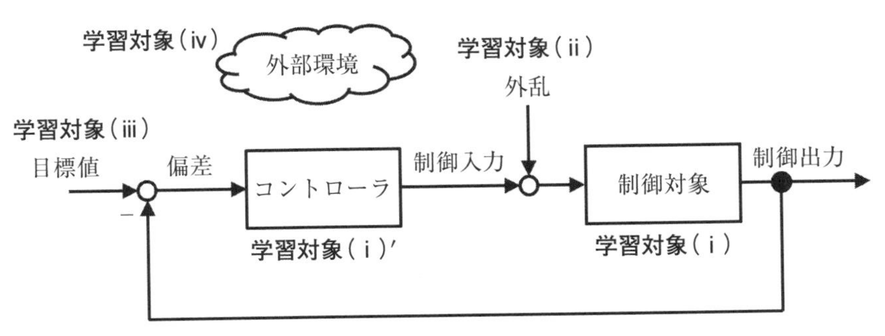

図 7.1：制御への応用における学習の対象のまとめ

7.1 モデル不確かさの学習に基づく制御

まずは，6.1 節で学習したモバイルロボット（ドローン実験機）の速度指令と実際の速度の誤差のモデル学習に基づく制御手法を紹介しよう．6.1 節では，

時間 $t \geq 0$ におけるロボットの位置 $p(t) \in \mathbb{R}$，速度指令 $v_c(t) \in \mathbb{R}$ に対して位置ダイナミクス

$$\dot{p}(t) = v_c(t) + \delta(t) \tag{7.1.1}$$

を考え，実験データから速度 $\dot{p}(t)$ と速度指令 $v_c(t)$ の誤差を学習した．この学習対象は図 7.1 において学習対象 (i) に相当し，より詳細には図 6.1 に示す通りであった．実際の誤差を $\delta(t) = \dot{p}(t) - v_c(t) \in \mathbb{R}$，学習した誤差を $\bar{\delta}(t) \in \mathbb{R}$ と表そう．

学習に基づく制御のアイデアは単純である．$\bar{\delta}(t)$ は速度指令から実際の速度までの誤差を直接学習したものであるので，これをそのまま速度指令の補正項として採用しよう．つまり，以下の速度指令を適用するのである．

$$v_c(t) = v_d(t) - \bar{\delta}(t) \tag{7.1.2}$$

ここで，$v_d(t) \in \mathbb{R}$ は P 制御や PID 制御などの元々指令したかった望ましい速度（制御入力）である．(7.1.2) を (7.1.1) に適用することで，位置ダイナミクスとして

$$\dot{p}(t) = v_d(t) + (\delta(t) - \bar{\delta}(t))$$

が得られる．誤差の学習が良好であれば，つまり学習した $\bar{\delta}(t)$ が実際の $\delta(t)$ に近ければ，望ましい速度に近い速度が実現されるであろう．

実践 18　モデル学習に基づく一定目標値への制御

実践 11（5.3 節）で行った一定目標値への制御実験との比較結果を示そう．ここでは，P 制御 (5.2.5) を (7.1.2) における $v_d(t)$，実践 13（6.1 節）で学習した結果を $\bar{\delta}(p(t))$ として採用する．この制御構造は**図 7.2** に示すブロック線図で解釈できる．図 5.9 や図 5.10 のフィードバック制御構造と比較して，未知の動的システムに対応するように学習による補正構造が追加されていることが確認できるだろう．

多項式回帰，およびガウスカーネル回帰に基づく制御を行った実験結果をそれぞれ**図 7.3** (a), (b) に示す．図 7.3 では，破線が目標値 p_d，実線が学習によ

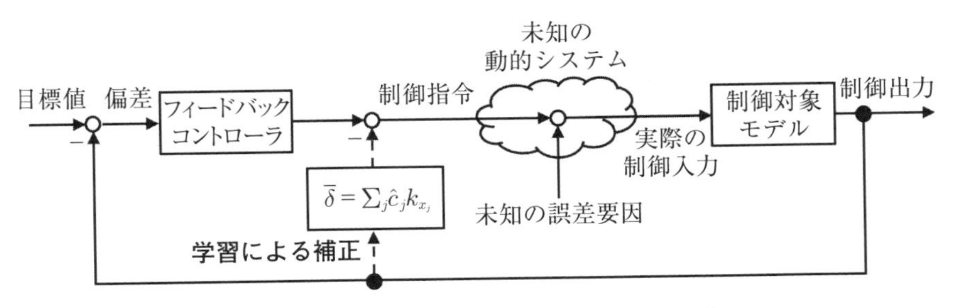

図 7.2：学習に基づく制御 (i)（一定目標値）

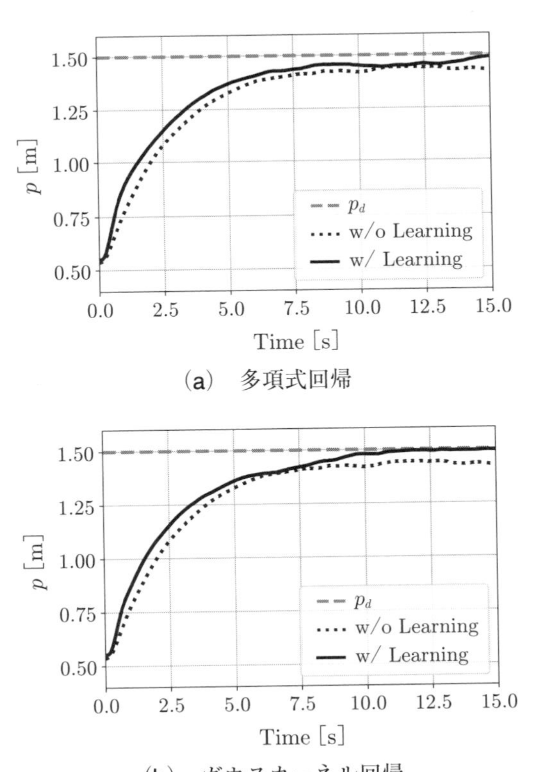

(a)　多項式回帰

(b)　ガウスカーネル回帰

図 7.3：モデル不確かさ学習に基づく制御実験結果（一定目標値）

る補正を加えた制御による位置 $p(t)$ の時間応答を表している．また，学習による補正を加えずに，P 制御 (5.2.5) を直接 v_c として指令した実践 11（5.3 節）と同一の時間応答も点線で示されている．いずれも学習による補正の効果により応答が改善されていることがわかるであろう．

なお，学習に関するコードは実践 13（6.1 節）ですでに紹介済みであり，読者それぞれの実験環境があるであろうことから，ここでは実験内容に関するコードは割愛する．

実践 19　モデル学習に基づく時変目標値への制御

次に，実践 12（5.3 節）で行った時変目標値への制御実験との比較結果を示そう．ここでは，2 自由度制御 (5.2.10) を (7.1.2) における $v_d(t)$，実践 14（6.1 節）で学習した結果を $\bar{\delta}(p,t)$ として採用する．この制御構造は**図 7.4** に示すブロック線図で解釈できる．こちらも図 5.12 の 2 自由度制御構造と比較して，未知の動的システムに対応するように学習による補正構造が追加されていることが確認できるだろう．

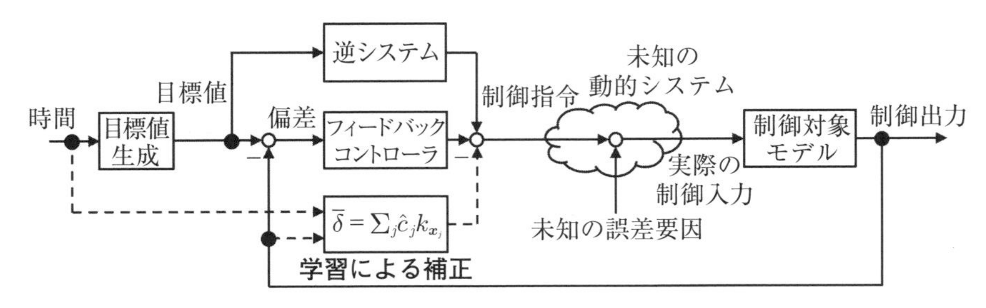

図 7.4：学習に基づく制御 (i)（時変目標値）

重回帰に基づく制御，およびカーネル関数 (6.1.3) によるカーネル回帰に基づく制御を行った実験結果をそれぞれ**図 7.5** (a), (b) に示す．いずれの場合も学習による補正の効果により応答が改善されていることが確認できる．

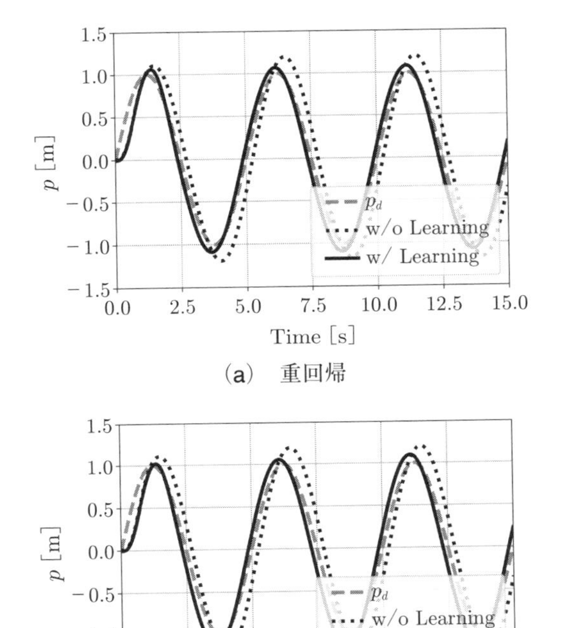

(a)　重回帰

(b)　カーネル回帰

図 7.5：モデル不確かさ学習に基づく制御実験結果（時変目標値）

実践 20　外乱学習に基づく着陸制御

これまでは，モバイルロボットの速度指令と実際の速度のずれというロボット自身の要因による誤差を学習してきた．ここでは，外部要因による外乱の学習も考えてみよう．具体的には，ドローンの着陸問題を考え，着陸面付近の風のはね返りを学習し，やはり制御への補正項として利用することを試みる．この学習対象は図 7.1 において学習対象 (ii) に相当する．

まず，外乱の存在を考慮せずに，制御手法として時変目標値に対する 2 自由度制御 (5.2.10) を適用する．位置 $p(t) \in \mathbb{R}$ を地上からの高さとすると，ドローン実験機のサイズから着陸時の位置は 0.036 [m] となる．従って，ここでは位

置の目標値 $p_d(t) \in \mathbb{R}$ を

$$p_d(t) = \begin{cases} 1.0 - 0.1t & (0 \leq t < 9.64) \\ 0.036 & (t \geq 9.64) \end{cases}$$

として，2自由度制御 (5.2.10) を適用する．まず，**図 7.6** (a) に点線で示すように，外乱を考慮せずに2自由度制御 (5.2.10) を直接制御指令 $v_c(t)$ として制御実験を行うと，ドローンは風のはね返りにより着陸できず，数 cm 上空で停滞してしまった．

そこで，速度指令と実際の速度の誤差 $\delta(t) = \dot{p}(t) - v_c(t) \in \mathbb{R}$ の学習を行おう．

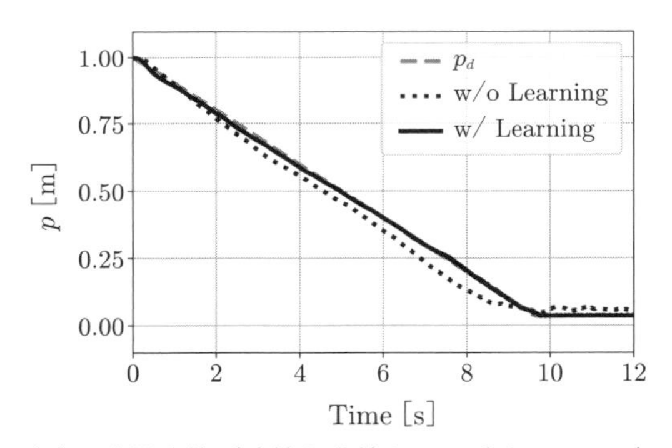

(a)　時間応答（破線と実線がほぼ重なっている）

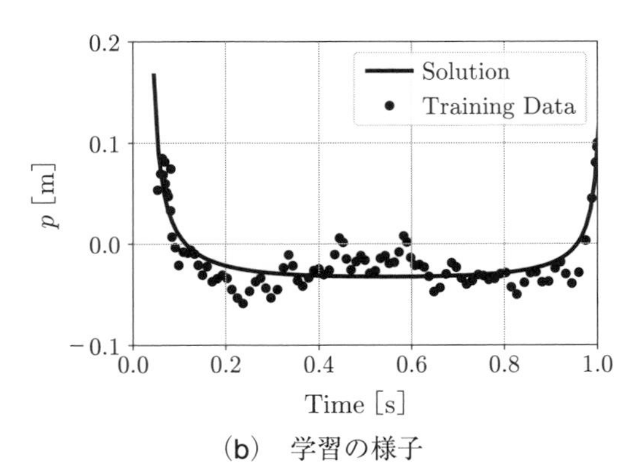

(b)　学習の様子

図 7.6：外乱学習に基づく着地制御実験結果

ここでは，着陸面付近の風のはね返りが位置 p のみに依存するものと考え，$\delta(p)$ の形で誤差を学習してみる．学習では，図 7.6 (b) に‘•’印で示す訓練データの分布から，カーネル関数として写像 $\Phi(x) = (1, (\log(x-0.035))^3, (\log(1.01-x))^3)^\top \in \mathbb{R}^3$ の内積で構成される

$$
\begin{aligned}
k(x, y) &= \langle \Phi(x), \Phi(y) \rangle \\
&= 1 + (\log(x-0.035)\log(y-0.035))^3 + (\log(1.01-x)\log(1.01-y))^3
\end{aligned}
$$

を用いた場合のカーネル回帰を採用する．(5.2.10) を $v_d(t)$ として，以上の学習結果による補正項を加えた制御 (7.1.2) を適用する．この制御構造は**図 7.7** に示すブロック線図で解釈できる．図 5.14（5.2 節）の外乱フィードフォワード制御構造と比較して，外乱が直接観測できないため，学習による補正構造によって外乱の影響を抑制しようとしていることが確認できるだろう．

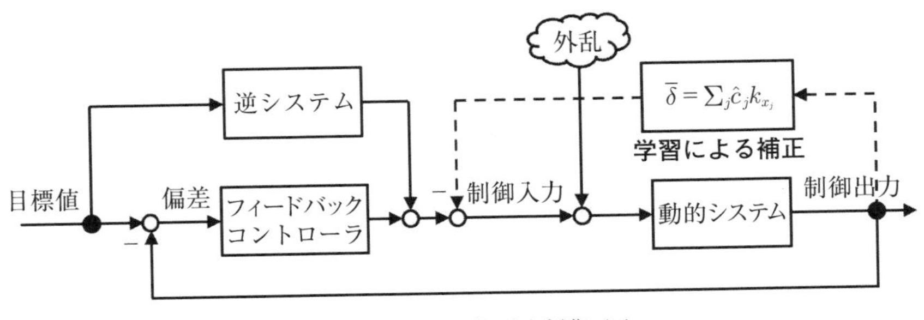

図 7.7：学習に基づく制御 (ii)

実験結果である位置 $p(t)$ の時間応答を図 7.6 (a) に実線で示す．破線で示される目標値 $p_d(t)$ とほぼ重なっていることから，学習に基づく制御指令の補正により，良好な着地が実現できていることがわかる．参考までに，本実験における学習に関する部分のコードを以下に示しておく．

リスト7.1 訓練データのインポート

```
import matplotlib.pyplot as plt, numpy as np, math
import pandas as pd

imported_data = \
     pd.read_csv('http://www.rokakuho.co.jp/data/books/0172/chapter7.csv')
imported_data = imported_data.values

x_data = imported_data[:, 1]
delta_data = imported_data[:, 2]
```

リスト7.2 最適解の計算

```
def kernel_func(x1, x2):
    x1d = np.array([1, np.log(x1-0.035)**3, np.log(1.01-x1)**3])
    x2d = np.array([1, np.log(x2-0.035)**3, np.log(1.01-x2)**3])
    return x1d @ x2d

def kernel_matrix(x1, x2):
    K = np.empty((len(x1), len(x2)))
    for i in range(len(x1)):
      for j in range(len(x2)):
        K[i,j] = kernel_func(x1[i], x2[j])
    return K

x_data = x_data.reshape(-1, 1)
K = kernel_matrix(x_data, x_data)
c = np.linalg.pinv(K) @ delta_data
```

リスト7.3 学習結果の描画

```
x = np.linspace(0.045, 1.0, 100)
k_s = kernel_matrix(x.reshape(-1, 1), x_data)
delta_sol = k_s @ c

fig, ax = plt.subplots()
ax.plot(x, delta_sol), ax.scatter(x_data, delta_data)
plt.xlabel('$p$ [m]'), plt.ylabel('$\delta(p)$'), plt.show()
```

以上，モバイルロボットの内部モデル誤差や外乱に対する学習の有用性が伝わったであろう．ここでは制御手法として最も単純なP制御を採用したが，PI，PID制御などのほかの制御手法と学習との融合は読者の方で試してみてほしい．

7.2 目標値の学習に基づく制御

次に，モバイルロボットによる追従問題を考えよう．ここで想定する追従問題は，1台のロボットがもう1台の動き方が事前にわからない対象物に対してその動き方を学習することにより良好な追従を達成するというものである．これは対象物の位置を時変な目標値と捉えることで，5.2節の時変目標値への制御問題と同様に扱えそうである．しかし，ここでは目標値の時間微分（対象物の速度）を直接利用できないため，2自由度制御 (5.2.10) を直接適用することはできない．そこで，カーネル法により対象物の速度を学習することを試みる．なお，この学習対象は図7.1において学習対象 (iii) に相当する．

時間 $t \geq 0$ における対象物の位置を $\boldsymbol{p}_T(t) = (p_{T1}(t), p_{T2}(t))^\top \in \mathbb{R}^2$ とし，ロボットと対象物が2次元平面上を運動している状況を考える．ここでは，対象物が $\dot{p}_{T1} = f_{T1}(\boldsymbol{p}_T)$, $\dot{p}_{T2} = f_{T2}(\boldsymbol{p}_T)$ という微分方程式に従って運動しているとしよう．これらの微分方程式は，ベクトル値関数 $f_T = (f_{T1}, f_{T2})^\top$ を用いることで以下のようにまとめて記述できる．

$$\dot{\boldsymbol{p}}_T = f_T(\boldsymbol{p}_T) \tag{7.2.1}$$

今，対象物の運動は未知であるため，f_T は未知な関数である．関数 f_T が位置 $\boldsymbol{p}_T(t)$ の関数であることは，対象物が自己位置に依存した運動をすることを意味している．これは例えば，車道を走る自動車や，木を避けながら飛ぶ鳥などの運動を簡単化したモデルと解釈できる．追従させるロボットの位置を $\boldsymbol{p}(t) \in \mathbb{R}^2$ とし，その運動は位置ダイナミクス (5.1.3) に従うものとする．ここでの制御目標は，ロボットを対象物にできるだけ偏差なく追従させることである．

まず，以下のP制御を考えてみよう．

$$\boldsymbol{v}(t) = k_p(\boldsymbol{p}_T(t) - \boldsymbol{p}(t)) \quad (k_p > 0) \tag{7.2.2}$$

制御ゲインを $k_p = 2$ として，(7.2.1) に従って運動する対象物に対して制御 (7.2.2) を適用した数値シミュレーション結果を**図7.8** (a) に示す．図7.8では，破線が対象物の軌跡を表し，実線がロボットの軌跡を示している．2本の線は重なっておらず，十分時間が経っても $\boldsymbol{p}(t) = \boldsymbol{p}_T(t)$ は達成されそうにないことが確認できるであろう．これは，制御 (7.2.2) が対象物とロボットの現在の位置偏差のみから構成されているためであり，次に対象物がどのように動くかとい

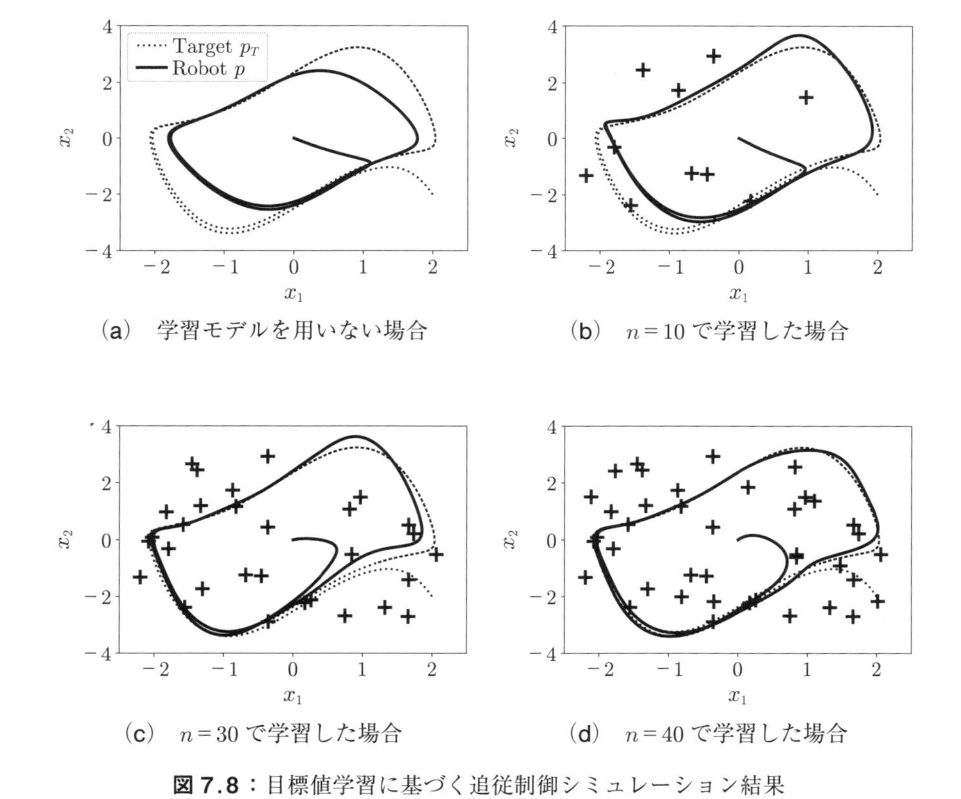

(a)　学習モデルを用いない場合

(b)　$n = 10$ で学習した場合

(c)　$n = 30$ で学習した場合

(d)　$n = 40$ で学習した場合

図7.8：目標値学習に基づく追従制御シミュレーション結果

う情報，つまり速度 $\dot{\boldsymbol{p}}_T = f_T(\boldsymbol{p}_T)$ を用いることができないためである．

そこで，関数 $f_T(\boldsymbol{p}_T)$ が直接利用できるとして，以下の制御を考えてみよう．

$$\boldsymbol{v}(t) = k_p(\boldsymbol{p}_T(t) - \boldsymbol{p}(t)) + f_T(\boldsymbol{p}_T(t)) \tag{7.2.3}$$

この制御の下では，例えばある時間 s で $\boldsymbol{p}(s) = \boldsymbol{p}_T(s)$ が達成されていたとすると，以降では $\dot{\boldsymbol{p}}(t) = f_T(\boldsymbol{p}_T)$ が成立し，ロボットが対象物とまったく同じ運動をする．すなわち対象物への完全な追従が達成される．しかし，対象物がどのように運動するかは事前にはわからないため，関数 $f_T(\boldsymbol{p}_T)$ を用いた制御 (7.2.3) は適用できない．従って，f_T を学習し，その学習結果を用いた追従制御を考えるのである．

実践 21　カーネル回帰に基づく追従制御

対象物の運動の一例として，以下の関数 f_T を採用しよう．

$$f_T(\boldsymbol{p}_T) = \begin{pmatrix} p_{T2} \\ -p_{T1} - 1.5(p_{T1}^2 - 1)p_{T2} \end{pmatrix}$$

ここでは，対象物の位置 $\boldsymbol{p}_T$ はロボットに搭載されたカメラなどのセンサで得ることができるとする．他方，$\dot{\boldsymbol{p}}_T$ $(= f_T(\boldsymbol{p}_T))$ については短い時間間隔で得られた一連の $\boldsymbol{p}_T$ の差分を計算することで近似的に得ることができるが，数値誤差が生じてしまう．そこで，$f_T(\boldsymbol{p}_T)$ のデータは以下のようにノイズを含む情報として得られるとしよう．

$$\boldsymbol{y}(t) = f_T(\boldsymbol{p}_T(t)) + \boldsymbol{\varepsilon}(t) \quad (\boldsymbol{\varepsilon} \sim N(\boldsymbol{0}, (0.05)^2 I_2))$$

訓練データとして，対象物の運動の過去の観測から $\mathcal{D} = \{(\boldsymbol{p}(t_1), \boldsymbol{y}(t_1)), \ldots, (\boldsymbol{p}(t_n), \boldsymbol{y}(t_n))\}$ が得られているとする．訓練データ $\mathcal{D}$ から学習した f_T を $\bar{f} = (\bar{f}_1, \bar{f}_2)^\top$ と表現する．このとき，(7.2.3) の代わりに学習結果を用いた以下の制御入力を適用する．

$$\boldsymbol{v}(t) = k_p(\boldsymbol{p}_T(t) - \boldsymbol{p}(t)) + \bar{f}(\boldsymbol{p}_T) \tag{7.2.4}$$

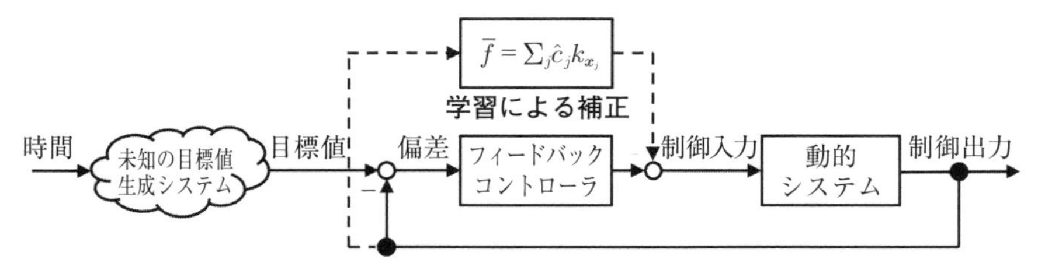

図 7.9：学習に基づく制御 (iii)

以上の制御構造は**図 7.9** に示すブロック線図で解釈できる．図 5.12（5.2 節）の 2 自由度制御構造と比較して，未知の目標値生成システムに対応するように学習による補正構造が追加されていることが確認できるだろう．

ガウスカーネル回帰により学習した $\bar{f}$ を用いて制御 (7.2.4) を適用したシミュレーション結果を図 7.8 (b)〜(d) に示す．ここで，'+' 印は訓練データを表している．訓練データが増加するにつれて，実線が点線に近づいていく，すなわち良好な追従が実現できている様子が確認できるだろう．参考までに，本シミュレーションにおける学習に関する部分のコードを以下に示しておく．関数 f_T の学習結果も**図 7.10** に示しておこう．

リスト 7.4　訓練データの生成

```
① def targetMotion(p):
②     f_T = np.array([p[1], -p[0] - 1.5*(p[0]**2 - 1)*p[1]])
③     return f_T
④
⑤ np.random.seed(1)
⑥ n = 20
⑦ x1_data = 4.4*np.random.rand(40)[0:n] - 2.2
⑧ x2_data = 6*np.random.rand(40)[0:n] - 3
⑨ x1x2_data = np.vstack((x1_data, x2_data)).T
⑩ z_temp = np.array([targetMotion(x1x2_data[k]) for k in range(n)])
⑪ z_data = z_temp + np.random.normal(0, 0.05, (n,2))
```

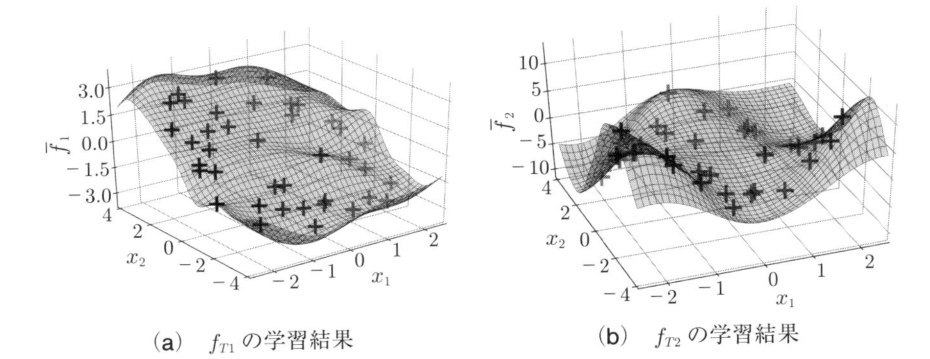

(a)　f_{T1} の学習結果　　(b)　f_{T2} の学習結果

図 7.10：対象物の運動の学習結果 ($n = 40$)

リスト 7.5　対象物の運動の学習

```
# リスト 2.3 のコードを記載せよ
import cvxpy as cp

K = kernel_matrix(x1x2_data, x1x2_data)
c_x = cp.Variable(n)
obj = cp.Minimize(sum(cp.square(K @ c_x - z_data[:, 0])))
P = cp.Problem(obj)
P.solve(verbose=False)
c_y = cp.Variable(n)
obj = cp.Minimize(sum(cp.square(K @ c_y - z_data[:, 1])))
P = cp.Problem(obj)
P.solve(verbose=False)
```

リスト 7.6　学習結果の描画

```
x1, x2 = np.linspace(-2.5, 2.5, 50), np.linspace(-4, 4, 50)
X1, X2 = np.meshgrid(x1, x2)
x1x2 = np.c_[np.ravel(X1), np.ravel(X2)]
kx = kernel_matrix(x1x2, x1x2_data)
zx_sol, zy_sol = kx @ c_x.value,  kx @ c_y.value

fig = plt.figure()
ax = plt.axes(projection="3d")
```

```
⑨  surf = ax.plot_surface(X1, X2, zx_sol.reshape(50, 50), alpha=0.2)
⑩  ax.scatter(x1_data, x2_data, z_data[:, 0], marker='+')
⑪  ax.set_xlabel('$x_1$'), ax.set_ylabel('$x_2$')
⑫  ax.set_zlabel(r'$\bar{f}_1$')
⑬  ax.view_init(azim=235), plt.show()
⑭
⑮  fig = plt.figure()
⑯  ax = plt.axes(projection="3d")
⑰  surf = ax.plot_surface(X1, X2, zy_sol.reshape(50, 50), alpha=0.2)
⑱  ax.scatter(x1_data, x2_data, z_data[:, 1], marker='+')
⑲  ax.set_xlabel('$x_1$'), ax.set_ylabel('$x_2$')
⑳  ax.set_zlabel(r'$\bar{f}_2$')
㉑  ax.view_init(elev=40, azim=250), plt.show()
```

以上，運動が未知である対象物に対するロボットの追従問題を通して，目標値が未知である場合に対しても学習が有用であることが伝わったであろう．

7.3　環境の学習に基づく制御

この章の最後に，ドローンによる環境学習に基づく制御として，4.2 節で紹介した「実践 10：ガウス過程回帰による 2 変数関数予測」を再訪しよう．この学習対象は図 7.1 において学習対象 (iv) に相当する．ただし，これまでに見てきた学習結果に基づく制御とは異なり，ここで紹介する制御は環境計測を行うための制御である．その制御に環境の学習モデルを用いることを考えよう．

ここでは，実践 10 の 2 変数関数予測問題において (x_1, x_2) を 2 次元平面上の位置，$z(x_1, x_2) \in \mathbb{R}$ をドローンが地点 (x_1, x_2) で観測した環境値情報とし，対象範囲の環境値情報の特性を確率分布として予測する状況を考える．図 4.6 に示した実践 10 の予測では，一様分布から生成されるランダムな訓練データにより学習を行い，最終的に 40 組の訓練データによる学習結果を得た．ここでは，効率的な訓練データの選択，すなわち少ない訓練データ数で良好な予測が実現できる観測地点の選択を行うことを目標としよう．なお，良好な予測という評価自体が難しいが，ここでは事後評価を用いて，図 4.5 に図示されているノイズを含まない環境値情報 y と近い平均情報が得られ，かつ全体的に分散値情報が小さければ良好な予測であるとする.

実践 22 ガウス過程回帰に基づく環境モニタリング

予測分散情報に基づく最も単純な観測地点選択アルゴリズムを考えよう．現在の訓練データからガウス過程回帰を実行することで，予測平均情報と合わせて予測分散情報が得られる．この分散情報は予測したい環境値の不確かさを表現していると解釈でき，一般にある地点でデータを取得すればその地点付近の分散値は小さくなる．従って，観測地点選択アルゴリズムとして，対象範囲全体の予測分散値を調べ[*1]，最も分散情報の大きい地点を次の観測地点（追加すべき訓練データ）と選択することを考える．これにより，少ない訓練データ数で効率的な環境値情報予測が実現されるのである．

ドローン実験機を用いた実験の結果を示そう．まず，実践 10 の 2 変数関数予測問題と同様に，対象範囲は $[-2, 2] \times [-2, 2]$ [m] とし，環境値情報は次式の形で与えられるとする（図 4.5 を参照）．

$$z(\boldsymbol{x}) = \exp\left(-\left\|\boldsymbol{x} - \begin{pmatrix} -1.2 \\ 1.2 \end{pmatrix}\right\|^2\right) + \exp\left(-\left\|\boldsymbol{x} - \begin{pmatrix} 1.2 \\ -1.2 \end{pmatrix}\right\|^2\right) + \varepsilon$$

ただし，$\boldsymbol{x} = (x_1, x_2)^\top \in \mathbb{R}^2$, $\varepsilon \sim N(0, (0.01)^2)$ である．ドローン実験機の初

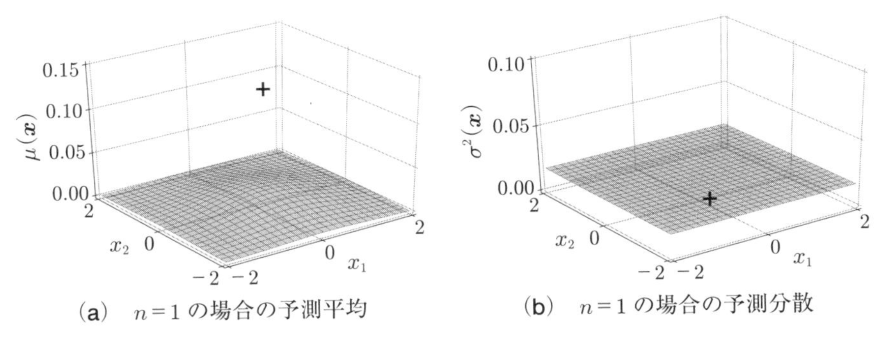

図 7.11：初期位置における $z(\boldsymbol{x}_*)$ の予測分布

*1 無数の地点を調べることは不可能なので，実際は一定間隔の格子点上などの有限の地点の分散値を調べることになる．

期位置を $(0.13, -0.14)^\top$ [m] とし，この地点での環境値情報を観測してガウス過程回帰を実行した結果が**図 7.11** である．まだ 1 組の訓練データしか得られていないため，ほぼ予測ができていない様子がわかるだろう．図 7.11 の状況から, 25 組の訓練データが得られるまで観測地点選択アルゴリズムを実行した結

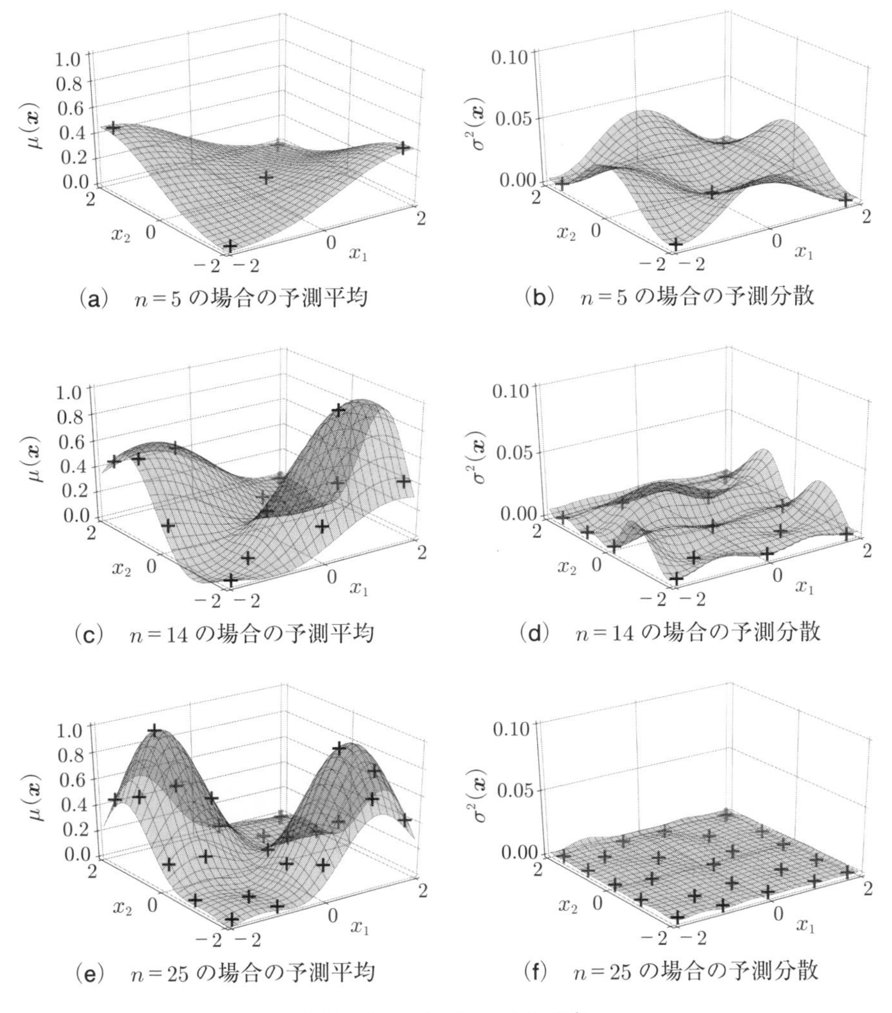

(a)　$n = 5$ の場合の予測平均
(b)　$n = 5$ の場合の予測分散
(c)　$n = 14$ の場合の予測平均
(d)　$n = 14$ の場合の予測分散
(e)　$n = 25$ の場合の予測平均
(f)　$n = 25$ の場合の予測分散

図 7.12：$z(\boldsymbol{x}_*)$ の予測分布

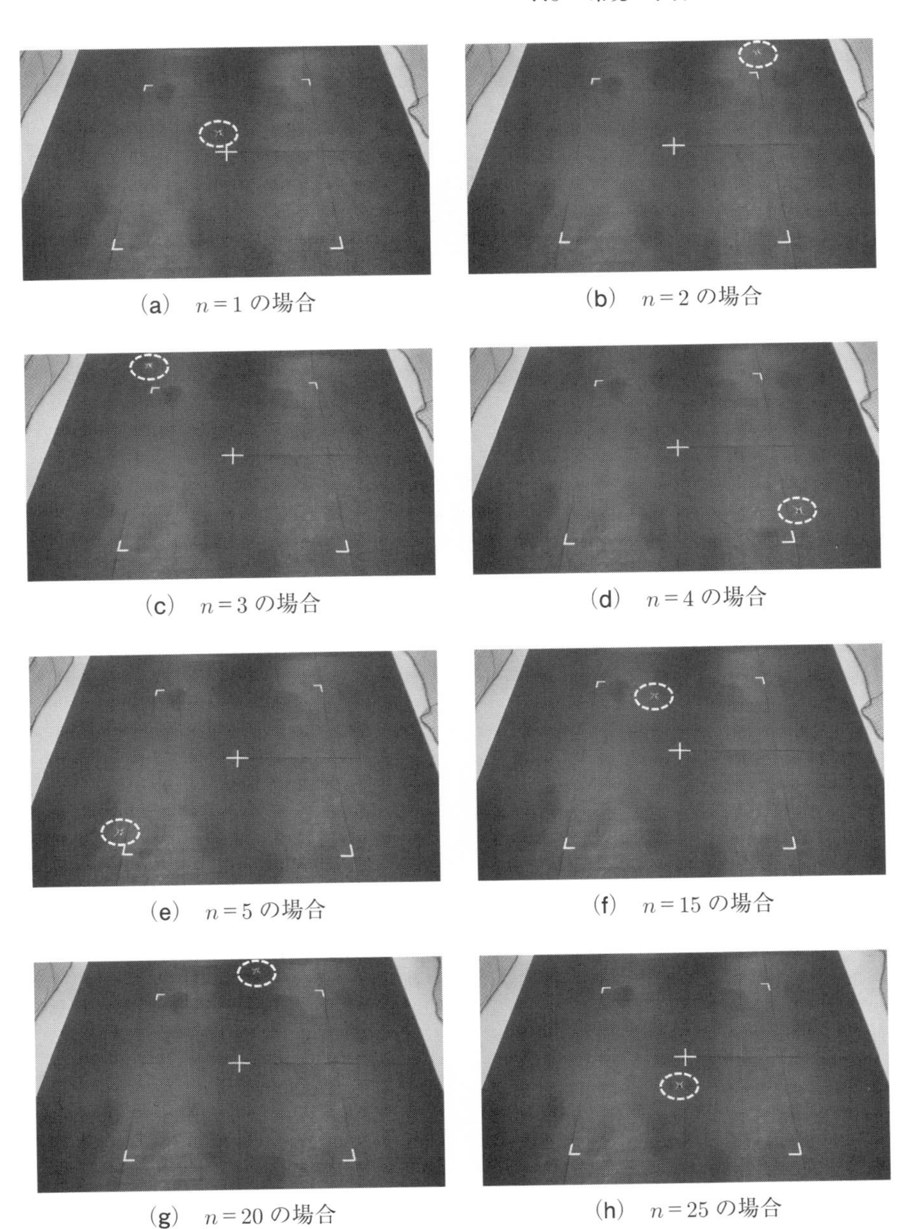

(a)　$n=1$ の場合

(b)　$n=2$ の場合

(c)　$n=3$ の場合

(d)　$n=4$ の場合

(e)　$n=5$ の場合

(f)　$n=15$ の場合

(g)　$n=20$ の場合

(h)　$n=25$ の場合

図 7.13：実験の様子

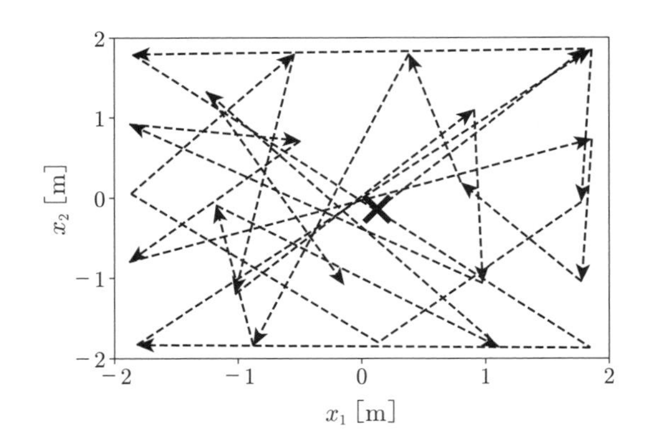

図 7.14：観測地点の軌跡（'×' 印は初期位置を表す）

果が**図 7.12** である．ここでは，対象領域の境界付近の情報を得ることは効率が悪いと考え，$[-1.8, 1.8] \times [-1.8, 1.8]$ [m] を観測地点の候補とした．実践 10 の結果である図 4.6 と比較して，より少ない訓練データで良好な予測結果が得られていることがわかるだろう．

最後に，実験の様子を**図 7.13** に，観測地点の軌跡（遷移）を矢印を用いて**図 7.14** に示す．なお，図 7.13 ではドローン実験機の観測位置に破線の楕円を描画している．初期位置からの軌跡を辿っていくと，おおよそ対称かつ等間隔な格子点上に観測地点を選択しているのがわかるだろう．この結果は，訓練データがない範囲では分散情報が大きくなる（情報が不確かである）という直観的な解釈に矛盾しないものである．もしこの観測の軌跡をモバイルロボットの位置軌道だと考え，位置の移動に前述の位置制御手法を適用した場合，この問題はまさにロボットによる環境モニタリング制御問題に相当する．

付録 A Pythonの準備と基礎

本書に掲載しているコードはすべてPythonのコードである．Pythonはバージョンや PC の OS によってインストール方法が異なり，環境を構築すること自体がプログラミングを始めるための最初の難所といえる．ここで紹介するGoogleのサービスはこの難所をスキップさせてくれる便利なもので，Pythonのバージョンや PC の環境を気にせずプログラミングし，実行することができる．この付録では，Googleが提供しているサービスであるGoogle Colaboratoryの始め方を紹介し，続いてPythonの基本的な演算方法を紹介しよう．最後に，Python の最適化モデリングツールである CVXPY の基本的な使い方も概説しよう．

A.1 Google Colaboratory

Google ColaboratoryはGoogleが提供しているサービスであり，ウェブブラウザ上でPythonを実行することができる．使用するにはGoogleアカウントを作成するだけでよく，インターネット環境があればすぐにでもPythonに触れることができる．Google Colaboratoryでは，Pythonの統合開発環境であるJupyter LabとほとんどYouじようにしてPythonのコードを書き，実行することができる．

まだGoogle Colaboratoryを一度も使ったことのない読者に向けて，Google Colaboratoryの使い方を以下に簡単にまとめよう．

(i) 自身のGoogleアカウントにログインし，以下の URL にアクセスする．
https://colab.research.google.com/?hl=ja

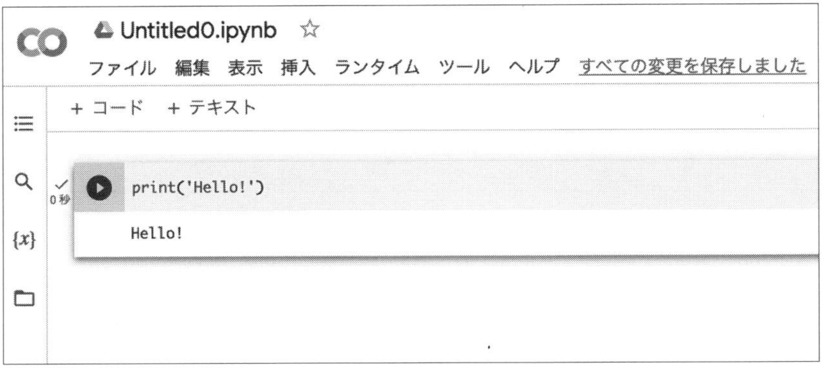

図 A.1：Google Colaboratory でコードを実行した様子

(ii)　「ファイル」タブの「ノートブックを新規作成」を選択する．

(iii)　コード欄（セルとよぶ）に実行したいコードを記述する．

(iv)　セルの左横にある実行ボタンを押すとそのセルのみが実行される．実行後の様子を**図 A.1** に示す．

セルを複数作成した場合は，「ランタイム」タブの「すべてのセルを実行」を選択すると上から順番にすべてのセルを実行することができる．

なお，出版社 HP からダウンロードできるサンプルコードは ipynb という拡張子のファイルである．このファイルを図 A.1 左上の「ファイル」タブの「ノートブックのアップロード」を選択して表示される画面にドラッグ & ドロップすることで，サンプルコードを Google Colaboratory で実行することができる．

A.2　Python の基礎

基本的な演算

ここでは Python における四則演算について簡単に紹介する．まずは実数同士の演算について見てみよう．リスト A.1 に示すように，実数同士の四則演算は直観的な操作が可能である．

リスト A.1 実数の演算

```
a, b = 1, 2 # a = 1, b = 2
print(a + b) # 加算
print(a - b) # 減算
print(a * b) # 乗算
print(a / b) # 除算
```

次に，ベクトルと行列の演算について紹介しよう．Python でベクトルや行列を扱う場合は，数値計算を効率的に行うためのライブラリである NumPy を用いると便利である．

リスト A.2 ベクトルと行列の演算

```
import numpy as np

v, u = np.array([1, 2]), np.array([3, 4])
A, B = np.array([[1, 2], [3, 4]]), np.array([[5, 6], [7, 8]])
# ベクトル同士の演算
print(v @ u) # 標準的な内積
print(v * u) # 要素ごとの積
# 行列とベクトルの積
print(A @ v)
# 行列同士の演算
print(A @ B) # 行列の積
print(A * B) # 要素ごとの積
print(np.linalg.inv(A)) # 逆行列
print(np.linalg.pinv(A)) # 一般逆行列
```

リスト A.2 の 1 行目には NumPy を用いるための宣言がなされている．3, 4 行目で具体的にベクトルと行列が定義されており，

$$\boldsymbol{v} = \begin{bmatrix} 1 \\ 2 \end{bmatrix}, \quad \boldsymbol{u} = \begin{bmatrix} 3 \\ 4 \end{bmatrix}, \quad A = \begin{bmatrix} 1 & 2 \\ 3 & 4 \end{bmatrix}, \quad B = \begin{bmatrix} 5 & 6 \\ 7 & 8 \end{bmatrix}$$

としている．

まずはベクトル同士の演算を見てみよう．6 行目にはベクトル同士の標準的

な内積を求めるコードを記述した．標準的な内積は @ 演算子で計算される．似たような演算子に * があるが，これはベクトルの各要素ごとの積を求めて同じ次元のベクトルを生成する演算であるので注意が必要である．次に，行列とベクトルの演算について確認してみよう．9 行目に示すように，行列とベクトルの演算にも @ 演算が用いられる．行列同士の積を求めるコードは 11 行目に示しており，ここでも @ 演算子を用いている．* 演算子はやはり二つの行列の要素同士の積を要素にもつ行列を求める演算であり，@ 演算子との区別に注意が必要である．

最後に，逆行列を求める方法を紹介しよう．NumPy には逆行列を求める関数も用意されており，行列 A の逆行列は `np.linalg.inv(A)` により求めることができる．`linalg` は linear algebra（線形代数）の略称であり，固有値計算など線形代数における重要な演算を行うコマンドが用意されている．13 行目で A^{-1} が計算されている．`A @ np.linalg.inv(A)` が単位行列になることを確認してみてほしい．ただし，計算機による逆行列の計算には近似計算が行われるため，必ずしも綺麗な単位行列にはならないことに注意しよう．また，本書では行列 A に逆行列が存在しない場合に対して，`np.linalg.inv` の代わりに `np.linalg.pinv` を用いる場面が多々登場する．`np.linalg.pinv` はムーア・ペンローズ逆行列や一般逆行列とよばれる行列 (Horn–Johnson [11]) を与えるコマンドであり，特に行列 A が列フルランクであるときに $(A^\top A)^{-1}A^\top$ を与える．なお，行列 A が正方であり逆行列 A^{-1} をもつとき，`np.linalg.pinv(A)` の結果は `np.linalg.inv(A)` と一致する．

CVXPY の使用方法

本書では，2 次計画問題を解く場面が多々登場する．Python には 2 次計画問題を含む最適化問題を解くツールが豊富に用意されており，本書では CVXPY (Diamond–Boyd [6]) を用いる．次の標準形式の 2 次計画問題を解くためのコードを紹介しよう．

$$\arg\min_{\boldsymbol{x}\in\mathbb{R}^d} \frac{1}{2}\boldsymbol{x}^\top H\boldsymbol{x} + g^\top\boldsymbol{x} \quad \text{s.t.} \quad A\boldsymbol{x} \le \boldsymbol{b} \tag{A.2.1}$$

この 2 次計画問題の解 $\hat{x}$ は以下のコードにより求めることができる.

リスト A.3 2 次計画問題

```
import cvxpy as cp, numpy as np

x = cp.Variable(2) # 変数の宣言. ここでの変数は 2 次元
H = np.diag([1, 1])
g = np.array([1, 1])
A = np.diag([1, 1])
b = np.array([1, 1])
obj = cp.Minimize(0.5*cp.quad_form(x, H) + g @ x) # 目的関数
cons = [A @ x <= b] # 制約条件
P = cp.Problem(obj, cons) # 最適化問題の定式化
P.solve(verbose=False) # 最適化計算
print(x.value)
```

リスト A.3 の流れは以下の通りである. 1 行目で最適化モデリングツールである CVXPY をインポートしている. 3 行目で最適化する変数を定義している. 4 行目から 7 行目までは (A.2.1) の行列やベクトルを定義している. 8 行目で最小化する目的関数を定義し, 9 行目で制約条件を記述している. 10 行目で最適化問題を定式化し, 11 行目で最適解 $\hat{x}$ を求めている. 最適化問題に最適解が存在すれば, 12 行目に示すように `x.value` に適切な値が格納されているので確認してみてほしい.

GPy の使用方法

最後に, ガウス過程回帰で用いられるライブラリ GPy の利用方法を紹介しよう. Google Colaboratory では, NumPy や CVXPY など Python ライブラリがあらかじめ多数用意されている. 従って, ライブラリをインポートするだけで様々な関数を利用することができる. しかし, GPy のように事前に用意されていないライブラリもあるので, ここではまずそのようなライブラリを Google Colaboratory で用いる方法を紹介する. 方法は簡単であり, パッケージ管理ツール pip を用いればよい. 具体的には, `import GPy` のようにライブラリの

インポートを行う前に!pip install GPy を追加するだけでよい．以下にそのコードを示そう．

リスト A.4　例外処理を利用した GPy のインストール

```
try:
  import GPy
except ModuleNotFoundError:
  !pip install GPy
  import GPy
import numpy as np

x_data = 6*np.random.rand(10) - 3
z_data = 1 - 1.5*x_data + np.sin(x_data) + np.cos(3*x_data)
kernel = GPy.kern.RBF(1) # 実践 9 と同じカーネル関数
model = GPy.models.GPRegression(x_data.reshape(-1, 1), \
                                z_data.reshape(-1, 1), kernel=kernel)
model.optimize() # ハイパーパラメータの学習
model.plot()

x = np.array([1])
z_mean = model.predict(x.reshape(-1, 1))[0]
z_var = model.predict(x.reshape(-1, 1))[1]
```

ライブラリのインストールは一度行えばしばらくは実行する必要がないため，一度 !pip install GPy を実行した後はコメントアウトすることを推奨する．コメントアウトしたり解除したりするのが面倒に感じる場合は，リスト A.4 のように記述することでライブラリのインストールが必要なときだけ pip を実行することができる．

8 行目以降では，実際にデータを 10 点用意し，ガウス過程回帰を実行するコマンドを示している．10 行目ではカーネル関数を定義しており，ここでは実践 9（4.2 節）と同じカーネル関数を用いている．また，16 行目以降で新しい点 x_* に対する予測分布の平均と分散を求めるコードを示した．ただし，本書中では数式とコードとの対応を容易に確認できるように，これらのコマンドを用いずに予測分布の計算を実行していることに注意していただきたい．

付録 B 最適化問題と最適性条件

B.1 最適化問題

変数 $\boldsymbol{x}$ の動く範囲を制限して，そこで関数 $f(\boldsymbol{x})$ が最小となる（または最大となる）$\boldsymbol{x}$ を求める問題を**最適化問題**という．そのような $\boldsymbol{x}$ を**最適解**とよび，本書では $\widehat{\boldsymbol{x}}$ と表記する．また，最小にしたい関数 $f(\boldsymbol{x})$ を**目的関数**とよぶ．例えば，$\boldsymbol{x} \in D$ という条件の下で $f(\boldsymbol{x})$ が最小となる $\boldsymbol{x}$ を求める問題は

$$\mathop{\arg\min}_{\boldsymbol{x} \in \mathbb{R}^n} f(\boldsymbol{x}) \quad \text{subject to} \quad \boldsymbol{x} \in D \tag{B.1.1}$$

のように表される．これから，“subject to” 以下の “$\boldsymbol{x} \in D$” を**制約条件**とよぶ．なお，“subject to” は “s.t.” と略記されることも多い[*1]．

例 B.1.1. 微分積分学における条件付き極値問題は最も基本的な最適化問題である．例えば，

$$\mathop{\arg\min}_{x, y \in \mathbb{R}} (x^3 + y^3) \quad \text{subject to} \quad x^2 + y^2 = 1$$

はラグランジュの未定乗数法により解くことができる．

例 B.1.2. 制約条件のない問題も最適化問題とみなす．特に，高校で学ぶ関数の極値を求める問題はその例である．例えば，

$$\mathop{\arg\min}_{x \in \mathbb{R}} (x^2 - 2x + 4)$$

は平方完成により解くことができる．

---

*1 数学で慣用されている “such that” の略ではないので注意しよう．

B.2　最適性条件

ここでは，最適解 $\boldsymbol{x} = \widehat{\boldsymbol{x}}$ がみたすべき条件について概説する．一般の最適化問題を考える上で，制約条件は複数であっても不等式であってもよい．そこで，ここでは複数の 1 次不等式で制約条件が与えられる最適化問題について詳しく考えよう．

これから，ベクトル $\boldsymbol{a}_i$ $(i = 1, \dots, m)$ と $\boldsymbol{b}$ を

$$\boldsymbol{a}_i = \begin{pmatrix} a_{i1} \\ \vdots \\ a_{in} \end{pmatrix} \in \mathbb{R}^n, \quad \boldsymbol{b} = \begin{pmatrix} b_1 \\ \vdots \\ b_m \end{pmatrix} \in \mathbb{R}^m$$

と固定し，次の最適化問題 P を考える．

問題 P

$$\mathop{\arg\min}_{\boldsymbol{x} \in \mathbb{R}^n} f(\boldsymbol{x}) \quad \text{subject to} \quad \langle \boldsymbol{a}_i, \boldsymbol{x} \rangle \leq b_i \quad (i = 1, \dots, m)$$

サポートベクトルマシンはこの型の最適化問題に帰着される．実際に，瀬戸–伊吹–畑中 [1] の 148 ページの最後に得られた最適化問題の制約条件は

$$\lambda_i \left(\sum_{j=1}^{n} c_j k(x_i, x_j) + \gamma \right) \geq 1 \quad (i = 1, \dots, n) \tag{B.2.1}$$

であった．ただし，今この場合に限り，変数は $c_1, \dots, c_n, \gamma$ であって，$x_1, \dots, x_n$ は定数である．ここで，$\lambda_i = 1$ のとき

$$\lambda_i \left(\sum_{j=1}^{n} c_j k(x_i, x_j) + \gamma \right) \geq 1 \ \Leftrightarrow \ -\sum_{j=1}^{n} c_j k(x_i, x_j) - \gamma \leq -1,$$

$\lambda_i = -1$ のとき

$$\lambda_i \left(\sum_{j=1}^{n} c_j k(x_i, x_j) + \gamma \right) \geq 1 \ \Leftrightarrow \ \sum_{j=1}^{n} c_j k(x_i, x_j) + \gamma \leq -1$$

と書き換えられる．よって，

$$\boldsymbol{a}_i = \begin{pmatrix} -\lambda_i k(x_i, x_1) \\ \vdots \\ -\lambda_i k(x_i, x_n) \\ -\lambda_i \end{pmatrix}, \quad \boldsymbol{x} = \begin{pmatrix} c_1 \\ \vdots \\ c_n \\ \gamma \end{pmatrix}, \quad \boldsymbol{b} = \begin{pmatrix} -1 \\ \vdots \\ -1 \end{pmatrix}$$

とおけば，不等式 (B.2.1) が問題 P の制約条件に含まれることがわかる．以上の議論はハードマージン法に関するものであったが，ソフトマージン法でも，(B.2.1) の右辺にある 1 を $1 - \zeta_i$ $(\zeta_i \geq 0)$ に変更するだけで同様である[*2]．このようにして，サポートベクトルマシンは問題 P に帰着される．しかし，問題 P に単純にラグランジュの未定乗数法を適用することはできない．ここではそれに代わる方法を紹介しよう．

制約条件がある最適化問題を対象に，サポートベクトルマシンに必要な範囲で，最適化問題の解に対する必要条件である **KKT 条件** (the Karush–Kuhn–Tucker conditions) について概説する．なお，以降の内容については Birbil–Frenk–Still [3] を参考にした．これから，$\mathbb{R}^n$ のベクトル $\boldsymbol{x} = (x_1, \ldots, x_n)^\top$ に対して，$x_i \geq 0$ $(i = 1, \ldots, n)$ のときに $\boldsymbol{x} \geq \boldsymbol{0}$ と表し，このようなベクトルの全体を $\mathbb{R}^n_+$ と表す．また，$\boldsymbol{x} - \boldsymbol{y} \geq \boldsymbol{0}$ のときに $\boldsymbol{x} \geq \boldsymbol{y}$ と表現する．この記号を用いると，問題 P において行列 A を

$$A = \begin{pmatrix} \boldsymbol{a}_1^\top \\ \vdots \\ \boldsymbol{a}_m^\top \end{pmatrix} = \begin{pmatrix} a_{11} & \cdots & a_{1n} \\ \vdots & \ddots & \vdots \\ a_{m1} & \cdots & a_{mn} \end{pmatrix}$$

と定めれば，その制約条件は $A\boldsymbol{x} \leq \boldsymbol{b}$ と表される．

さて，問題 P の KKT 条件は以下のようになる．

---

*2 ソフトマージン法の詳細については，福水 [7]，竹内–烏山 [17] などを参照されたい．

KKT 条件

$\boldsymbol{x}_{\mathrm{P}}$ が問題 P の極小解かつ $\nabla f(\boldsymbol{x}_{\mathrm{P}}) \neq \mathbf{0}$ のとき，以下をみたす $\boldsymbol{\xi} = (\xi_1, \ldots, \xi_m)^\top \in \mathbb{R}_+^m \setminus \{\mathbf{0}\}$ が存在する．

$$\nabla f(\boldsymbol{x}_{\mathrm{P}}) + \sum_{i=1}^{m} \xi_i \boldsymbol{a}_i = \mathbf{0},$$

$$\xi_i(\langle \boldsymbol{a}_i, \boldsymbol{x}_{\mathrm{P}} \rangle - b_i) = 0 \quad (1 \leq i \leq m)$$

以下，この KKT 条件を導出してみよう．まず，問題 P の制約条件をみたす $\boldsymbol{x}$ に対して，

$$I(\boldsymbol{x}) = \{i : \langle \boldsymbol{a}_i, \boldsymbol{x} \rangle = b_i\}$$

と定める．また，$\boldsymbol{a}_i^\top$ $(i \in I(\boldsymbol{x}))$ とそのほかの行を $\mathbf{0}^\top$ として構成される行列を $B(\boldsymbol{x})$ と表す．例えば，$m = 3$, $I(\boldsymbol{x}) = \{1, 3\}$ のとき，

$$B(\boldsymbol{x}) = \begin{pmatrix} \boldsymbol{a}_1^\top \\ \mathbf{0}^\top \\ \boldsymbol{a}_3^\top \end{pmatrix} = \begin{pmatrix} a_{11} & \cdots & a_{1n} \\ 0 & \cdots & 0 \\ a_{31} & \cdots & a_{3n} \end{pmatrix}$$

となる．また，$I(\boldsymbol{x}) = \emptyset$ のとき，$\boldsymbol{x}$ は問題 P の制約条件により定められる集合の内部にある．

補題 B.2.1.　$\boldsymbol{x}_{\mathrm{P}}$ は問題 P の極小解かつ $\nabla f(\boldsymbol{x}_{\mathrm{P}}) \neq \mathbf{0}$ を仮定する．このとき，$B(\boldsymbol{x}_{\mathrm{P}}) \neq O$ であり（O は適切な次元の零行列），$\boldsymbol{d} \in \mathbb{R}^n$ に対して

$$B(\boldsymbol{x}_{\mathrm{P}})\boldsymbol{d} \leq \mathbf{0} \ \Rightarrow \ \langle \nabla f(\boldsymbol{x}_{\mathrm{P}}), \boldsymbol{d} \rangle \geq 0$$

が成り立つ．

証明　$\boldsymbol{x}_{\mathrm{P}}$ は問題 P の極小解かつ $\nabla f(\boldsymbol{x}_{\mathrm{P}}) \neq \mathbf{0}$ を仮定する．このとき，$B(\boldsymbol{x}_{\mathrm{P}}) = O$ ならば，$\boldsymbol{x}_{\mathrm{P}}$ は問題 P の制約条件により定められる集合の内部にある．よって，$\nabla f(\boldsymbol{x}_{\mathrm{P}}) = \mathbf{0}$ となるが，これは仮定に反する．従って，$B(\boldsymbol{x}_{\mathrm{P}}) \neq O$ である．次に，

$$B(\boldsymbol{x}_{\mathrm{P}})\boldsymbol{d}_0 \leq \boldsymbol{0} \quad \text{かつ} \quad \langle \nabla f(\boldsymbol{x}_{\mathrm{P}}), \boldsymbol{d}_0 \rangle < 0$$

をみたす $\boldsymbol{d}_0 \in \mathbb{R}^n$ が存在したとする．このとき，

$$\langle \nabla f(\boldsymbol{x}_{\mathrm{P}}), \boldsymbol{d}_0 \rangle = \nabla f(\boldsymbol{x}_{\mathrm{P}})^{\top} \boldsymbol{d}_0 = \lim_{t \downarrow 0} \frac{f(\boldsymbol{x}_{\mathrm{P}} + t\boldsymbol{d}_0) - f(\boldsymbol{x}_{\mathrm{P}})}{t}$$

であるから，

$$f(\boldsymbol{x}_{\mathrm{P}} + t\boldsymbol{d}_0) < f(\boldsymbol{x}_{\mathrm{P}}) \quad (0 < t \leq t_0)$$

をみたす $t_0 > 0$ が存在する．さらに，$B(\boldsymbol{x}_{\mathrm{P}})$ の定め方と $B(\boldsymbol{x}_{\mathrm{P}})\boldsymbol{d}_0 \leq \boldsymbol{0}$ により，

$$A(\boldsymbol{x}_{\mathrm{P}} + t\boldsymbol{d}_0) \leq \boldsymbol{b} \quad (0 < t \leq t_0)$$

となるように t_0 を選ぶことができる（補足 B.2.2 を参照）．すなわち，$\boldsymbol{x}_{\mathrm{P}} + t\boldsymbol{d}_0$ $(0 < t \leq t_0)$ は問題 P の制約条件をみたす．ところが，これは $\boldsymbol{x}_{\mathrm{P}}$ が極小解であることに反する． □

補足 B.2.2.　例えば，$m = 3$, $I(\boldsymbol{x}_{\mathrm{P}}) = \{1, 3\}$ の場合に，

$$B(\boldsymbol{x}_{\mathrm{P}})\boldsymbol{d}_0 = \begin{pmatrix} \langle \boldsymbol{a}_1, \boldsymbol{d}_0 \rangle \\ 0 \\ \langle \boldsymbol{a}_3, \boldsymbol{d}_0 \rangle \end{pmatrix} \leq \begin{pmatrix} 0 \\ 0 \\ 0 \end{pmatrix}$$

を仮定しよう．今，$\langle \boldsymbol{a}_2, \boldsymbol{x}_{\mathrm{P}} \rangle < b_2$ であるから，

$$\langle \boldsymbol{a}_2, \boldsymbol{x}_{\mathrm{P}} \rangle + t\langle \boldsymbol{a}_2, \boldsymbol{d}_0 \rangle < b_2 \quad (0 < t \leq t_0)$$

となるように t_0 を選ぶことができる．よって，このとき，

$$A(\boldsymbol{x}_{\mathrm{P}} + t\boldsymbol{d}_0) = \begin{pmatrix} \langle \boldsymbol{a}_1, \boldsymbol{x}_{\mathrm{P}} \rangle + t\langle \boldsymbol{a}_1, \boldsymbol{d}_0 \rangle \\ \langle \boldsymbol{a}_2, \boldsymbol{x}_{\mathrm{P}} \rangle + t\langle \boldsymbol{a}_2, \boldsymbol{d}_0 \rangle \\ \langle \boldsymbol{a}_3, \boldsymbol{x}_{\mathrm{P}} \rangle + t\langle \boldsymbol{a}_3, \boldsymbol{d}_0 \rangle \end{pmatrix} \leq \begin{pmatrix} b_1 \\ b_2 \\ b_3 \end{pmatrix} = \boldsymbol{b} \quad (0 < t \leq t_0)$$

が成り立つ．

補題 B.2.1 を経由することにより，KKT 条件の導出は次の幾何学的な事実に帰着される．

補題 B.2.3（ファルカスの補題）． $m \times n$ 行列 $B\ (\neq O)$ と $\boldsymbol{c} \in \mathbb{R}^n \setminus \{\boldsymbol{0}\}$ に対して，次の 2 条件を考える．

(1)　$\boldsymbol{d} \in \mathbb{R}^n$ に対して，$B\boldsymbol{d} \leq \boldsymbol{0}$ のとき $\boldsymbol{c}^\top \boldsymbol{d} \geq 0$ が成り立つ．

(2)　等式 $\boldsymbol{c} + B^\top \boldsymbol{\nu} = \boldsymbol{0}$ をみたす $\boldsymbol{\nu} \in \mathbb{R}^m_+ \setminus \{\boldsymbol{0}\}$ が存在する．

このとき，(1) ならば (2) が成り立つ．

証明　(1) を仮定する．まず，B を

$$B = \begin{pmatrix} \boldsymbol{b}_1^\top \\ \vdots \\ \boldsymbol{b}_m^\top \end{pmatrix} \quad (\boldsymbol{b}_j \in \mathbb{R}^n)$$

と表すと，(1) は $-\boldsymbol{c}$ と $\{\boldsymbol{b}_1, \ldots, \boldsymbol{b}_m\}$ が原点を通る超平面では分離できないことを意味する．よって，$-\boldsymbol{c}$ は $\{\boldsymbol{b}_1, \ldots, \boldsymbol{b}_m\}$ で生成される凸錐に含まれる．すなわち，

$$-\boldsymbol{c} = \nu_1 \boldsymbol{b}_1 + \cdots + \nu_m \boldsymbol{b}_m$$

をみたす $\boldsymbol{\nu} = (\nu_1, \ldots, \nu_m)^\top \in \mathbb{R}^m_+ \setminus \{\boldsymbol{0}\}$ が存在する．これを B により表せば，(2) が得られる．□

（KKT 条件の導出）

$\boldsymbol{x}_{\mathrm{P}}$ は問題 P の極小解かつ $\nabla f(\boldsymbol{x}_{\mathrm{P}}) \neq \boldsymbol{0}$ を仮定する．このとき，補題 B.2.1 により，$B(\boldsymbol{x}_{\mathrm{P}}) \neq O$ であり，$\boldsymbol{d} \in \mathbb{R}^n$ に対して

$$B(\boldsymbol{x}_{\mathrm{P}})\boldsymbol{d} \leq \boldsymbol{0} \ \Rightarrow \ \langle \nabla f(\boldsymbol{x}_{\mathrm{P}}), \boldsymbol{d} \rangle \geq 0$$

が成り立つ．これは，補題 B.2.3 の (1) において $B = B(\boldsymbol{x}_{\mathrm{P}})$, $\boldsymbol{c} = \nabla f(\boldsymbol{x}_{\mathrm{P}})$ と考えた場合である．よって，補題 B.2.3 により，

$$\nabla f(\boldsymbol{x}_{\mathrm{P}}) + B(\boldsymbol{x}_{\mathrm{P}})^{\top}\boldsymbol{\nu} = \mathbf{0}$$

をみたす $\boldsymbol{\nu} \in \mathbb{R}_{+}^{m} \setminus \{\mathbf{0}\}$ が存在する．これを書き下すと，

$$\nabla f(\boldsymbol{x}_{\mathrm{P}}) + \sum_{i \in I(\boldsymbol{x}_{\mathrm{P}})} \nu_i \boldsymbol{a}_i = \mathbf{0}$$

となる．従って，$i \notin I(\boldsymbol{x}_{\mathrm{P}})$ に対して $\nu_i = 0$ と選び直したベクトルを $\boldsymbol{\xi}$ とおけば，

$$\nabla f(\boldsymbol{x}_{\mathrm{P}}) + \sum_{i=1}^{m} \xi_i \boldsymbol{a}_i = \mathbf{0}$$

が得られる．また，このとき，ξ_i の定め方から

$$\xi_i(\langle \boldsymbol{a}_i, \boldsymbol{x}_{\mathrm{P}} \rangle - b_i) = 0 \quad (1 \leq i \leq m)$$

が成り立つ．

補足 B.2.4. 問題 P の場合，KKT 条件は必ず最適性の必要条件となるが，より一般の問題では追加的な仮定（制約想定）が必要である．制約想定としては，1 次独立制約想定やスレーター制約想定が有名である．

最後に，制約条件のない問題についても触れておこう．つまり，(B.1.1) において $D = \mathbb{R}^n$ とする問題，すなわち

$$\arg\min_{\boldsymbol{x} \in \mathbb{R}^n} f(\boldsymbol{x})$$

を考える．実は，カーネル回帰はこの型の最適化問題に帰着され，その最適性条件は

$$\nabla f(\widehat{\boldsymbol{x}}) = \mathbf{0} \tag{B.2.2}$$

となる．一般に，(B.2.2) は $\widehat{\boldsymbol{x}}$ が最適解となる必要条件を与えるが，本書では (B.2.2) が解に対する十分条件にもなるクラスの問題しか扱わないため，これを必要十分条件と考えて読み進めて差し支えない．正確な議論は Boyd–Vandenberghe [5] を参照してほしい．

付録 C

カーネル法の概説

C.1 再生核ヒルベルト空間

カーネル関数 k に対して $k_x(y) = k(y, x)$ とおき，有限和 $f = \sum_{i=1}^m a_i k_{x_i}$，$g = \sum_{j=1}^n b_j k_{y_j}$ に対してその内積を

$$\langle f, g \rangle = \left\langle \sum_{i=1}^m a_i k_{x_i}, \sum_{j=1}^n b_j k_{y_j} \right\rangle = \sum_{i=1}^m \sum_{j=1}^n a_i b_j k(y_j, x_i) \tag{C.1.1}$$

と定める．今，k_x と k_y の内積は $\langle k_x, k_y \rangle = k(y, x)$ と定められていることに注意しよう．特に，$f = \sum_{i=1}^m a_i k_{x_i}$ に対して

$$f(x) = \langle f, k_x \rangle \quad (x \in X) \tag{C.1.2}$$

が成り立つ．実際，

$$\langle f, k_x \rangle = \left\langle \sum_{i=1}^m a_i k_{x_i}, k_x \right\rangle = \sum_{i=1}^m a_i k(x, x_i) = \sum_{i=1}^m a_i k_{x_i}(x) = f(x)$$

のように計算できる．(C.1.2) は，関数 f に x を代入した値 $f(x)$ が内積 $\langle f, k_x \rangle$ により表されると読む．

上記で定めた内積 $\langle \cdot, \cdot \rangle$ に基づいた**完備化**を考えれば，カーネル関数 k から構成される**再生核ヒルベルト空間** $\mathcal{H}_k$ が得られる．すなわち，次の 4 条件 (i)〜(iv) をみたすベクトル空間 $\mathcal{H}_k$ が得られる[*1]．

(i) $\mathcal{H}_k$ は X 上の関数から成るベクトル空間である．特に，任意の $x \in X$ に対して，$k_x \in \mathcal{H}_k$ である．

[*1] 以降，$\mathcal{H}_k$ の**内積**を $\langle \cdot, \cdot \rangle_{\mathcal{H}_k}$ と表現する．

(ii) $\mathcal{H}_k$ は内積を備えている．すなわち，関数 $f, g \in \mathcal{H}_k$ に対して実数 $\langle f, g \rangle_{\mathcal{H}_k}$ が定まり，任意の $f, g, h \in \mathcal{H}_k$ と任意の $\alpha \in \mathbb{R}$ に対して次の (1) から (5) が成り立つ．

(1) $\langle f, g+h \rangle_{\mathcal{H}_k} = \langle f, g \rangle_{\mathcal{H}_k} + \langle f, h \rangle_{\mathcal{H}_k}$，$\langle f+g, h \rangle_{\mathcal{H}_k} = \langle f, h \rangle_{\mathcal{H}_k} + \langle g, h \rangle_{\mathcal{H}_k}$

(2) $\langle \alpha f, g \rangle_{\mathcal{H}_k} = \alpha \langle f, g \rangle_{\mathcal{H}_k} = \langle f, \alpha g \rangle_{\mathcal{H}_k}$

(3) $\langle f, g \rangle_{\mathcal{H}_k} = \langle g, f \rangle_{\mathcal{H}_k}$

(4) $\langle f, f \rangle_{\mathcal{H}_k} \geq 0$

(5) $\langle f, f \rangle_{\mathcal{H}_k} = 0 \;\Leftrightarrow\; f = 0$

(iii) 任意の $x \in X$ と任意の $f \in \mathcal{H}_k$ に対して，

$$f(x) = \langle f, k_x \rangle_{\mathcal{H}_k} \quad \text{（再生核等式）}$$

が成り立つ．すなわち，関数 $f \in \mathcal{H}_k$ に点 $x \in X$ を代入する操作が $k_x = k(\,\cdot\,, x)$ との内積で表される．この k_x は**再生核**とよばれる．

(iv) 任意の $f \in \mathcal{H}_k$ に対して，f の**ノルム** $\|f\|_{\mathcal{H}_k}$ を $\|f\|_{\mathcal{H}_k} = \sqrt{\langle f, f \rangle_{\mathcal{H}_k}}$ と定める．$\mathcal{H}_k$ はこのノルム $\|\cdot\|_{\mathcal{H}_k}$ に関して完備である．すなわち，$\|f_n - f_m\|_{\mathcal{H}_k} \to 0$ $(n, m \to \infty)$ のとき，$\|f_n - f\|_{\mathcal{H}_k} \to 0$ $(n \to \infty)$ をみたす f が $\mathcal{H}_k$ に存在する．

ここでは完備化について詳しく解説する余裕はないが，k_x の有限和で表される関数はすべて $\mathcal{H}_k$ に含まれることに注意しておこう．特に，(iii) は完備化により (C.1.2) が保存されることを意味する．さらに，(C.1.1) も保存されている．すなわち，f と g が (C.1.1) のように k_x の有限和で表されているとき，$\langle f, g \rangle_{\mathcal{H}_k} = \langle f, g \rangle$ である．以上のことは**ムーア・アロンシャインの定理**として知られている．

定理 C.1.1（ムーア・アロンシャインの定理）． カーネル関数 k から再生核ヒルベルト空間 $\mathcal{H}_k$ が構成できる．しかも，それは一意に定まる．

C.2 カーネル回帰：詳解

カーネル法の基礎となる射影定理のために少々準備が必要である．

定義 C.2.1. $\mathcal{M}$ を $\mathcal{H}_k$ の部分集合とする．次の2条件が成り立つとき，$\mathcal{M}$ は $\mathcal{H}_k$ の**閉部分空間**とよばれる．

(i) 任意の $\alpha, \beta \in \mathbb{R}$ と任意の $f, g \in \mathcal{M}$ に対して，$\alpha f + \beta g \in \mathcal{M}$

(ii) $f, f_n \in \mathcal{M}$ $(n \in \mathbb{N})$ に対して，$\|f_n - f\|_{\mathcal{H}_k} \to 0$ $(n \to \infty)$ ならば $f \in \mathcal{M}$

$\mathcal{M}$ が $\mathcal{H}_k$ の閉部分空間であれば，$\mathcal{M}$ の中で $\mathcal{H}_k$ の演算と極限を考えても $\mathcal{M}$ の中で納まるのである．

定義 C.2.2. $\mathcal{M}$ を $\mathcal{H}_k$ の閉部分空間とし，$\mathcal{M}$ の**直交補空間** $\mathcal{M}^{\perp}$ を

$$\mathcal{M}^{\perp} = \{g \in \mathcal{H}_k : \langle f, g \rangle_{\mathcal{H}_k} = 0 \ (f \in \mathcal{M})\}$$

と定める．$\mathcal{M}^{\perp}$ は $\mathcal{H}_k$ の中で $\mathcal{M}$ と直交する関数の全体である．

定理 C.2.3（射影定理）. $\mathcal{M}$ を $\mathcal{H}_k$ の閉部分空間とする．このとき，任意の $f \in \mathcal{H}_k$ に対して，$f = f_1 + f_2$ をみたす $f_1 \in \mathcal{M}$, $f_2 \in \mathcal{M}^{\perp}$ の組 (f_1, f_2) がただ一つ存在する．

射影定理において，$f_1 = Pf$ と表すと，P は $\mathcal{H}_k$ から $\mathcal{M}$ の上への線形写像である．すなわち，

$$P(\alpha f + \beta g) = \alpha Pf + \beta Pg \quad (f, g \in \mathcal{H}_k,\ \alpha, \beta \in \mathbb{R})$$

が成り立つ．

さて，k を $\mathbb{R}^d$ 上のカーネル関数，$\mathcal{H}_k$ を k から構成される再生核ヒルベルト空間とし，$\mathcal{H}_k$ に対する問題 E（2.3 節）を改めて考えよう．問題 E は，以下のようにして行列の問題に帰着させることができる．まず，P を $\mathcal{H}_k$ 内で $\{k_{\boldsymbol{x}_1}, \ldots, k_{\boldsymbol{x}_n}\}$ により張られる空間の上への直交射影とする（定理 C.2.3 を参照）．今，n 個のベクトル $k_{\boldsymbol{x}_1}, \ldots, k_{\boldsymbol{x}_n} \in \mathcal{H}_k$ に対して，

$$\mathcal{M} = \mathcal{M}(k_{\boldsymbol{x}_1}, \ldots, k_{\boldsymbol{x}_n}) = \left\{ \sum_{j=1}^{n} c_j k_{\boldsymbol{x}_j} : c_j \in \mathbb{R}\ (j = 1, \ldots, n) \right\}$$

と定める．このとき，$\mathcal{M} = \mathcal{M}(k_{\boldsymbol{x}_1}, \ldots, k_{\boldsymbol{x}_n})$ に対して，$\mathcal{H}_k$ から $\mathcal{M}$ の上への直交射影を $P = P_{\mathcal{M}}$ と表し，f を $f = Pf + (f - Pf)$ と直交分解すると，$f - Pf$ と各 $k_{\boldsymbol{x}_i}$ は直交する（**図 C.1** を参照）．よって，

$$f(\boldsymbol{x}_i) = \langle f, k_{\boldsymbol{x}_i} \rangle_{\mathcal{H}_k} = \langle Pf + (f - Pf), k_{\boldsymbol{x}_i} \rangle_{\mathcal{H}_k} = \langle Pf, k_{\boldsymbol{x}_i} \rangle_{\mathcal{H}_k} = (Pf)(\boldsymbol{x}_i)$$

が成り立つ．すなわち，各 $\boldsymbol{x}_i$ 上での f と Pf の値はまったく同じである．従って，問題 E を考える上では

$$f = Pf = \sum_{j=1}^{n} c_j k_{\boldsymbol{x}_j} \quad (c_1, \ldots, c_n \in \mathbb{R})$$

と仮定してよい．このとき，

$$f(\boldsymbol{x}_i) = \langle f, k_{\boldsymbol{x}_i} \rangle_{\mathcal{H}_k} = \left\langle \sum_{j=1}^{n} c_j k_{\boldsymbol{x}_j}, k_{\boldsymbol{x}_i} \right\rangle_{\mathcal{H}_k} = \sum_{j=1}^{n} c_j k(\boldsymbol{x}_i, \boldsymbol{x}_j)$$

はベクトル・行列表現を用いると

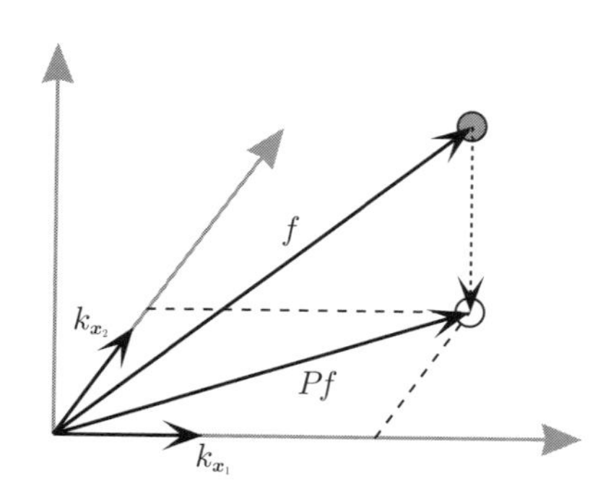

図 C.1：$k_{\boldsymbol{x}_1}$, $k_{\boldsymbol{x}_2}$ で張られる空間の上への f の直交射影

$$\begin{pmatrix} f(\boldsymbol{x}_1) \\ \vdots \\ f(\boldsymbol{x}_n) \end{pmatrix} = \begin{pmatrix} k(\boldsymbol{x}_1, \boldsymbol{x}_1) & \cdots & k(\boldsymbol{x}_1, \boldsymbol{x}_n) \\ \vdots & \ddots & \vdots \\ k(\boldsymbol{x}_n, \boldsymbol{x}_1) & \cdots & k(\boldsymbol{x}_n, \boldsymbol{x}_n) \end{pmatrix} \begin{pmatrix} c_1 \\ \vdots \\ c_n \end{pmatrix}$$

と表すことができる．ここで，$K = (k(\boldsymbol{x}_i, \boldsymbol{x}_j)) \in \mathbb{R}^{n \times n}$, $\boldsymbol{c} = (c_1, \ldots, c_n)^\top \in \mathbb{R}^n$ とおけば，$L(f)$ は

$$L(f) = \sum_{j=1}^{n} |\lambda_j - f(\boldsymbol{x}_j)|^2 = \|\boldsymbol{\lambda} - K\boldsymbol{c}\|^2$$

と表現できる．今，行列 K が正方行列であるので，$L(f)$ を最小にするベクトル $\widehat{\boldsymbol{c}}$ は K の逆行列が存在すれば単に $\widehat{\boldsymbol{c}} = K^{-1}\boldsymbol{\lambda}$ と求まる．このようにして最適解 $\widehat{\boldsymbol{c}}$ が求まれば，

$$f = \sum_{j=1}^{n} \widehat{c}_j k_{\boldsymbol{x}_j} \in \mathcal{H}_k$$

が問題 E の解として得られる．以上の議論において，行列の次数がデータの個数を超えていないことにも注目しよう．

C.3　ガウス過程回帰に関する二つの補足

ガウス過程回帰では，データとカーネル関数から定められる行列

$$K_{n+m}(\boldsymbol{x}, \boldsymbol{x}_*) = \begin{pmatrix} k(x_1, x_1) & \cdots & k(x_1, x_{n+m}) \\ \vdots & \ddots & \vdots \\ k(x_{n+m}, x_1) & \cdots & k(x_{n+m}, x_{n+m}) \end{pmatrix}$$

を基に，$\bar{\boldsymbol{z}} = (\bar{z}_1, \ldots, \bar{z}_n)^\top$ を観測した後の $\boldsymbol{t} = \boldsymbol{z}(\boldsymbol{x}_*)$ が従う確率分布の確率密度関数 $F(\boldsymbol{t} \mid \bar{\boldsymbol{z}})$ を

$$F(\boldsymbol{t} \mid \bar{\boldsymbol{z}}) = C \exp\left(-\frac{1}{2} \left\langle (K_{n+m} + \eta^{-1} I_{n+m})^{-1} \begin{pmatrix} \bar{\boldsymbol{z}} \\ \boldsymbol{t} \end{pmatrix}, \begin{pmatrix} \bar{\boldsymbol{z}} \\ \boldsymbol{t} \end{pmatrix} \right\rangle \right) \quad \text{(C.3.1)}$$

と定めた．ここで，$\bar{z}$ は定ベクトル，$\boldsymbol{t} = \boldsymbol{z}(\boldsymbol{x}_*)$ は変数である．また，C は $F(\boldsymbol{t} \mid \bar{z})$ を $\boldsymbol{t}$ に関して全空間で積分した値が 1 になるように選んだ定数である．このような定数は**正規化定数**とよばれる．以降，この $F(\boldsymbol{t} \mid \bar{z})$ に関して，瀬戸–伊吹–畑中 [1] では省略した二つの事実を補足として述べる．

条件付き分布の定義

ここでは，$F(\boldsymbol{t} \mid \bar{z})$ を (C.3.1) のように定めた理由を解説する．そのためには，2 次元ガウス分布の場合を考えれば十分であろう．以下，$F(x, y) = N(\boldsymbol{x}; \boldsymbol{\mu}, \Sigma)$ $(\boldsymbol{x} = (x, y)^\top)$ とおいて

$$P((X, Y) \in B) = \iint_B F(x, y)\ \mathrm{d}x\mathrm{d}y \quad (B \subset \mathbb{R}^2)$$

を仮定する．このとき，$X \in [x_0, x_0 + h]$ のときに $Y \in A$ となる条件付き確率は

$$P(Y \in A \mid X \in [x_0, x_0 + h]) = \frac{P((X, Y) \in [x_0, x_0 + h] \times A)}{P((X, Y) \in [x_0, x_0 + h] \times \mathbb{R})}$$

となる．これを積分で書き直し，$h \to 0$ と極限をとれば，

$$\begin{aligned}
P(Y \in A \mid X \in [x_0, x_0 + h]) &= \frac{\iint_{[x_0, x_0+h] \times A} F(x, y)\ \mathrm{d}x\mathrm{d}y}{\iint_{[x_0, x_0+h] \times \mathbb{R}} F(x, y)\ \mathrm{d}x\mathrm{d}y} \\
&= \frac{\int_A \left(\int_{x_0}^{x_0+h} F(x, y)\ \mathrm{d}x \right)\ \mathrm{d}y}{\int_{\mathbb{R}} \left(\int_{x_0}^{x_0+h} F(x, y)\ \mathrm{d}x \right)\ \mathrm{d}y} \\
&= \frac{\int_A \left(\frac{1}{h} \int_{x_0}^{x_0+h} F(x, y)\ \mathrm{d}x \right)\ \mathrm{d}y}{\int_{\mathbb{R}} \left(\frac{1}{h} \int_{x_0}^{x_0+h} F(x, y)\ \mathrm{d}x \right)\ \mathrm{d}y} \\
&\to \frac{\int_A F(x_0, y)\ \mathrm{d}y}{\int_{\mathbb{R}} F(x_0, y)\ \mathrm{d}y} \quad (h \to 0)
\end{aligned}$$

が成り立つ．このようにして，$X = x_0$ のときの確率分布を

$$P(Y \in A \mid X = x_0) = \int_A CF(x_0, y)\ \mathrm{d}y \quad \left(C = \frac{1}{\int_{\mathbb{R}} F(x_0, y)\ \mathrm{d}y} \right)$$

と定義することが妥当であることがわかる．ここで，C は y に関する全空間での積分が 1 になるように選んだ定数であることに注意しよう．以上の観察から，(C.3.1) に導かれる．

カーネル回帰との関係

ここでは，ガウス過程回帰とカーネル回帰の関係を述べよう．まず，(C.3.1) で定めた $F(\boldsymbol{t} \mid \bar{z})$ は再び多次元ガウス分布の確率密度関数であり，その平均ベクトル $\boldsymbol{\mu}$ は

$$\boldsymbol{\mu} = \boldsymbol{\mu}(\boldsymbol{x}_*) = \begin{pmatrix} \displaystyle\sum_{j=1}^{n} c_j k(x_j, x_{n+1}) \\ \vdots \\ \displaystyle\sum_{j=1}^{n} c_j k(x_j, x_{n+m}) \end{pmatrix} = \begin{pmatrix} \displaystyle\sum_{j=1}^{n} c_j k_{x_j}(x_{n+1}) \\ \vdots \\ \displaystyle\sum_{j=1}^{n} c_j k_{x_j}(x_{n+m}) \end{pmatrix} \qquad \text{(C.3.2)}$$

と表された．ここで，$c_1, \ldots, c_n \in \mathbb{R}$ は

$$(K_n + \eta^{-1} I_n)^{-1} \bar{\boldsymbol{z}} = (c_1, \ldots, c_n)^\top \qquad \text{(C.3.3)}$$

により定められる定数である．以下，(C.3.2) の平均ベクトル $\boldsymbol{\mu}$ は C.2 節で得た回帰問題の解と完全に対応していることを示そう．そのために，関数

$$\Delta(x, y) = \begin{cases} 1 & (x = y) \\ 0 & (x \neq y) \end{cases}$$

を導入し，$\widetilde{k}(x, y) = k(x, y) + \eta^{-1} \Delta(x, y)$ とおく．このとき，$\widetilde{k}$ は明らかにカーネル関数である．この $\widetilde{k}$ を採用したカーネル回帰を考えよう．すなわち，$\bar{\boldsymbol{z}} = (\bar{z}_1, \ldots, \bar{z}_n)^\top$ に対して，

$$L(f) = \sum_{j=1}^{n} |\bar{z}_j - f(x_j)|^2$$

を最小にする $f \in \mathcal{H}_{\widetilde{k}}$ を求める問題を考える．この問題の解は，C.2 節で求めたように，

$$f = \sum_{j=1}^{n} c_j \widetilde{k}_{x_j}$$

で与えられる．実際に，(C.3.3) における $\boldsymbol{c} = (c_1, \ldots, c_n)^\top \in \mathbb{R}^n$ の定め方から，

$$\|\bar{\boldsymbol{z}} - (K_n + \eta^{-1} I_n)\boldsymbol{c}\| = 0$$

が成り立つからである．このとき，$\ell = 1, \ldots, m$ に対して，

$$\begin{aligned}
f(x_{n+\ell}) &= \sum_{j=1}^{n} c_j \widetilde{k}_{x_j}(x_{n+\ell}) \\
&= \sum_{j=1}^{n} c_j (k(x_{n+\ell}, x_j) + \eta^{-1} \Delta(x_{n+\ell}, x_j)) \\
&= \sum_{j=1}^{n} c_j k(x_{n+\ell}, x_j) \\
&= \sum_{j=1}^{n} c_j k_{x_j}(x_{n+\ell})
\end{aligned}$$

が成り立つ．これは (C.3.2) の $\boldsymbol{\mu}$ とまったく同じものである．

参考文献

[1] 瀬戸 道生，伊吹 竜也，畑中 健志，機械学習のための関数解析入門：ヒルベルト空間とカーネル法，内田老鶴圃，2021.

[2] D. Barber, *Bayesian Reasoning and Machine Learning*, Cambridge University Press, 2012.

[3] Ş. İ. Birbil, J. B. G. Frenk, and G. J. Still, An Elementary Proof of the Fritz-John and Karush–Kuhn–Tucker Conditions in Nonlinear Programming, *European Journal of Operational Research*, Vol. 180, No. 1, pp. 479–484, 2007.

[4] C. M. ビショップ（元田 浩, 栗田 多喜夫, 樋口 知之, 松本 裕治, 村田 昇 (監訳)），パターン認識と機械学習 上・下，丸善出版，2012.

[5] S. Boyd and L. Vandenberghe, *Convex Optimization*, Cambridge University Press, 2004.

[6] S. Diamond and S. Boyd, CVXPY: A Python-Embedded Modeling Language for Convex Optimization, *Journal of Machine Learning Research*, Vol. 17, pp. 1–5, 2016.

[7] 福水 健次，カーネル法入門：正定値カーネルによるデータ解析，朝倉書店，2010.

[8] 福島 雅夫，新版 数理計画入門，朝倉書店，2011.

[9] T. Hatanaka, N. Chopra, J. Yamauchi, and M. Fujita, A Passivity-Based Approach to Human-Swarm Collaboration and Passivity Analysis of Human Operators, in *Trends in Control and Decision-Making for Human-Robot Collaboration Systems* (Ed. Y. Wang and F. Zhang), Springer, pp. 325–355, 2017.

[10] T. Hatanaka, K. Noda, J. Yamauchi, K. Sokabe, K. Shimamoto,

and M. Fujita, Human-Robot Collaboration with Variable Autonomy via Gaussian Process, *IFAC PapersOnLine*, Vol. 53, No. 5, pp. 126–133, 2020.

[11] R. A. Horn and C. R. Johnson, *Matrix Analysis*, Second Edition, Cambridge University Press, 2013.

[12] M. F. Møller, A Scaled Conjugate Gradient Algorithm for Fast Supervised Learning, *Neural Networks*, Vol. 6, No. 4, pp. 525–533, 1993.

[13] 野波 健蔵，水野 毅（編集代表）／足立 修一，池田 雅夫，大須賀 公一，大日方 五郎，木田 隆，永井 正夫（編集），制御の辞典，朝倉書店，2015.

[14] C. E. Rasmussen and C. K. I. Williams, *Gaussian Processes for Machine Learning*, The MIT Press, 2006.

[15] 志水 清孝，フィードバック制御理論：安定化と最適化，コロナ社，2013.

[16] 杉江 俊治，藤田 政之，フィードバック制御入門，コロナ社，1999.

[17] 竹内 一郎，烏山 昌幸，サポートベクトルマシン，講談社，2015.

索　引

著者略歴 伊吹 竜也（いぶき たつや）

2008年 東京工業大学工学部制御システム工学科卒業
2010年 東京工業大学理工学研究科機械制御システム専攻修士課程修了
2013年 東京工業大学理工学研究科機械制御システム専攻博士後期課程修了
東京工業大学工学院助教を経て
現 在 明治大学理工学部講師（博士（工学））

山内 淳矢（やまうち じゅんや）

2013年 名古屋大学工学部機械・航空工学科卒業
2015年 東京工業大学理工学研究科機械制御システム専攻修士課程修了
2018年 東京工業大学理工学研究科機械制御システム専攻博士後期課程修了
東京工業大学工学院助教を経て
現 在 東京大学大学院情報理工学系研究科助教（博士（工学））

畑中 健志（はたなか たけし）

2002年 京都大学工学部情報学科卒業
2004年 京都大学情報学研究科数理工学専攻修士課程修了
2007年 京都大学情報学研究科数理工学専攻博士後期課程修了
東京工業大学理工学研究科助教，准教授，
大阪大学工学研究科准教授を経て
現 在 東京工業大学工学院准教授（博士（情報学））

瀬戸 道生（せと みちお）

1998年 富山大学理学部数学科卒業
2000年 東北大学大学院理学研究科博士課程前期数学専攻修了
2003年 東北大学大学院理学研究科博士課程後期数学専攻修了
北海道大学理学部 COE ポスドク研究員，
神奈川大学工学部特別助手，
島根大学総合理工学部講師，准教授を経て
現 在 防衛大学校総合教育学群教授（博士（理学））

2023年 5月31日 第1版発行

著者の了解により検印を省略いたします

著 者 伊吹竜也
山内淳矢
畑中健志
瀬戸道生
発行者 内田 学
印刷者 山岡影光

機械学習のための関数解析入門
カーネル法実践：学習から制御まで

発行所 株式会社 内田老鶴圃 〒112-0012 東京都文京区大塚3丁目34番3号
電話 03(3945)6781(代)・FAX 03(3945)6782
http://www.rokakuho.co.jp/
印刷・製本/三美印刷 K.K.

Published by UCHIDA ROKAKUHO PUBLISHING CO., LTD.
3-34-3 Otsuka, Bunkyo-ku, Tokyo, Japan

ISBN 978-4-7536-0172-1 C3041 U. R. No. 673-1

機械学習のための関数解析入門

ヒルベルト空間とカーネル法

瀬戸道生・伊吹竜也・畑中健志　共著

A5・168 頁・定価 3080 円（本体 2800 円＋税 10%） ISBN 978-4-7536-0171-4

本書では理工系学部の標準的な数学の知識を前提に「機械学習のための関数解析入門」と題してカーネル法の理論と応用の解説を試みる．第１章では内積の計算を中心に線形代数の復習をしよう．第２章では，フーリエ解析と複素解析からいくつかの事実を認めて，内積の数学としてのフーリエ解析を解説する．第３章ではヒルベルト空間の基礎理論を解説する．ヒルベルト空間とは，第１章と第２章の数学に共通した構造を抽出した概念である．ここで抽象的な内積の計算に慣れてしまえば，カーネル法の理解は難しいことではない．第４章ではカーネル法の基礎を，理論と応用を交えて解説する．第５章ではカーネル法の発展編としてガウス過程回帰を解説する．ここで数学の枠を超えた本格的な応用を紹介しよう．付録では，本書を読む上で知っておくと便利なことや，少々進んだ話題をまとめた．（「はじめに」より）